公牛的文化史

[法]米歇尔·帕斯图罗 著　白紫阳 译

生活·读书·新知 三联书店

"Le taureau - Une histoire culturelle " by Michel Pastoureau

ⓒ Éditions du Seuil, 2020

Current Chinese translation rights arranged through Divas International, Paris

巴黎迪法国际版权代理 (www.divas-books.com)

图书在版编目（CIP）数据

公牛的文化史 /（法）米歇尔·帕斯图罗著；白紫
阳译 . —北京：生活·读书·新知三联书店 , 2024.6
ISBN 978-7-108-07823-0

Ⅰ.①公… Ⅱ.①米… ②白… Ⅲ.①公牛－文化史
Ⅳ.① S823

中国国家版本馆 CIP 数据核字 (2024) 第 060330 号

责任编辑　崔　萌
装帧设计　薛　宇
责任校对　曹忠苓
责任印制　李思佳
出版发行　生活·讀書·新知 三联书店
　　　　　（北京市东城区美术馆东街 22 号 100010）
网　　址　www.sdxjpc.com
经　　销　新华书店
制　　作　北京金舵手世纪图文设计有限公司
印　　刷　天津裕同印刷有限公司
版　　次　2024 年 6 月北京第 1 版
　　　　　2024 年 6 月北京第 1 次印刷
开　　本　720 毫米 × 880 毫米　1/16　印张 13.5
字　　数　100 千字　图 72 幅
印　　数　0,001－3,000 册
定　　价　79.00 元
（印装查询：01064002715；邮购查询：01084010542）

LE TAUREAU

Une histoire culturelle

目 录

引　言

　　牛，它到底是一种温驯的动物，还是野蛮的呢？当真问起这个问题时，突然感觉无法那么确定了，至少当你站在文化史学的角度上看，情况是非常复杂的。当我们把目光投向幽深的历史长河，这种动物的形象就会自我矛盾起来，甚至变得暧昧不清，难以捉摸、难以进行归类。旧石器时代洞壁上绘的原始蛮牛（Auroch，读作欧霍克）就是它们的祖先。这无可辩驳地证明了它们曾经具有凶猛野兽的身份，给人以强悍、雄武与精力充沛的印象；捕猎野牛是非常凶险的冒险，它们一旦在身边出现就令人毛骨悚然。但这些蛮牛的后代，就是我们今日在乡村草地上随处可见的悠然踱步，或是痴痴发呆的各种牛只，它

◄ **一种开拓人类想象空间的动物**

从拉斯科岩画到毕加索经典，公牛的形象伴随着欧洲艺术走过了 2000 年的历程，散发出无穷魅力，激发起无尽幻想，成为一代一代的艺术家取之不尽，用之不竭的经典题材，甚至被视作创造力的象征。

巴勃罗·毕加索《公牛图》（之四），雕版画（1945 年），藏于巴黎毕加索博物馆

们看上去脾气非常平和，一副人畜无害的样子。但别上它们的当，特别是当你身着猩红色服饰的时候，尽量不要走进它们的视野：移动的红色块会激发牛的野性，这种自17世纪以来口口相传的道听途说，今日已经形成了根深蒂固的民间信仰。至少在欧洲，这几乎是一种常识。但是，在世界的其他地方，能激怒公牛的颜色却各种各样。比如在日本，红色勾不起牛的怒火，反而是某种混杂着麦色与乳色的白能收到奇效，尽管西方人基本无法分辨不同的白色中那些隐晦的色调。但在亚洲，这种传说的悠久历史与西方的红布不遑多让。

我们这本书是一套系列丛书的第二册。与第一册《狼的文化史》相似，同样限于欧洲。动物的文化史首先是社会史的一个子门类，主要研究某个特定社会形态下独有的集体认知和公共表达（包括语言与词汇、文学与艺术的创造、纹章与徽记、信仰与迷信等等）。要想这种治史研究卓有成果，首先要对这个社会具有全面深入的认识。像我这样的历史学者显然不可能对五大洲所有社会形态的一手史料都做到了如指掌。编撰他者的文献综述既不符合我的研究口味，我对此也没有特别的兴趣，因此我仅集中精力专注于我所精通的方面，那就是欧洲社会中动物们所处的地位，在这方面我有着五十年的教学与研究生涯中收获的资料和知识，我觉得这已经足够了。特别是当我们从一个非常久远的历史维度上看待这些文化史时，更是璀璨辉煌，从史前的洞穴壁画艺术、最古老的神话传说直到后世的动物图册，乃至今天我们身边的毛绒玩具、广告商标、连环漫画和电子游戏。

在欧洲，人们围绕着动物世界的想象是以少数几个似乎比其他物种更重要的动物建构起来的，这些动物之间逐渐形成了某种既复杂又神秘的显著联系。它们形成了所谓的"动物中心圈"（这是借用的弗朗索瓦-波普林漂亮的表述，在文学层面，指"动物图鉴"，同词异义），围绕着它们，编织出了作为文化史中研究重点的各种信仰、神话、图像、纹章和仪轨。

这种动物中心圈形成于人类历史的早期，最早可能起源于史前或前古典时期，后来不断充实和丰富，最终基本稳定下来，并一直在艺术、文学、玄学象征和解梦中发挥作用，直至今日。其最初的核心似乎是这样十几种动物：熊、乌鸦、狼、野猪、鹿、狐狸、牛、马、鹰和蛇。后来，家养动物（最初有狗和猪，后来加入了公鸡、驴、绵羊和山羊）和其他野生动物（天鹅、鲑鱼和鲸）也加入了它们的行列。为了完整起见，我们还应该加上一种虚构的动物——龙（在西方的意象中这是蛇类中最大的一种），以及几种非本地动物：狮子、猴子和大象。总计约有二十余种动物在欧洲动物中心圈中出演着一线角色。

　　很早以前，公牛在进入动物中心圈的时候，还处于原始的野生状态，从此就再也没有离开这个圈子，就算是在新石器时代得到了驯化，但仍然没有从圈子中被排除，反而得到了更高的出镜率。但是，从那以后，我们是不是应该将之视作一种家畜？动物学家、动物行为学家、生物学家目前对于这方面比较公认的评判标准是看人类是否出于各种不同目的控制并调节该物种的生殖与繁衍。从这种意义上说，牛肯定属于家畜，在近东和亚洲，牛的驯化甚至已经有9000～1万年的历史，在欧洲要稍晚一些。但从另一方面说，驯化也是一种优育选种的过程，主要意味着绝大多数雄性要经过阉割。但公牛这个词就意味着它们未被阉割，也正因此它们从牛的种属名词（bœuf，做性别解释时常译作"犍牛"）中独立出来，是它们能够保证物种的独立延续。如果我们不深入到词源学、生物分类学、畜产学的学术领域（来自这些学科的意见在过去几个世纪从来不稳定，这种情况在未来几十年中估计也不会有什么改变）来谈这个事的话，我们将延用最传统意义的"野生"和"家畜"作为形容词的意义，借用布封的说法："公牛是家畜中最具野生特质的动物。"也就是说，这个物种（Bos taurus）自然是经过驯化的，但是未经阉割的部分雄性保留了部分野性的原始特征，但对于"公野猪""公山羊""公绵羊"之类并没有这种特定的分别，至少在规模上是如此。

我们给大家呈现的这本书主要内容是关于公牛的，但势必也会谈到母牛、犍牛，甚至小牛或小母牛，这是无法避免的，如果说要把同一个种群中的育种雄性单独分出来著书立说那无疑是荒谬的。但我们就不再涉及出现在其他大陆上的各色牛属了，其实世界上还存在着瘤牛、牦牛、野牛、水牛、印度牛、大额牛等形形色色的异国牛类。那么在我们把聚光灯投向欧洲公牛属的丰饶的文化积累之前，我们先来从自然史发展的角度为这些被我们有意规避的物种做一些简明介绍。

瘤牛（zébu）是一种起源于印度并很早被驯化的牛类，在环印度洋各个陆地区域的国家中随处可见。瘤牛可以说是我们这里要讲的牛类的表亲，因为它们共同的祖先都是原牛（auroch），虽然两者大体相似，但一方面瘤牛的角更长，另一方面瘤牛在颈脊与背脊交界处有一个凸出的"富贵包"，这也是二者间最重要的差异，这个驼峰状包的大小与牛的品种、性别和季节都有关系。事实上这就是一个以脂肪堆积起来的驼峰，同样起着储备热量的作用，它在潮湿时会胀大起来，缺水和饥荒时会逐渐瘪下去。牦牛（yack）的情况会更复杂一点，同作为反刍哺乳动物，它有着庞大如山的身躯、长长的丝絮绒毛和一条缀满鬃毛的"马"尾巴。牦牛通常生活在中亚的高原上，也有着悠久的驯化史，但它们与本书中所要讲述的公牛或牛属之间的关系没有瘤牛那么明显。关于它到底是否同属原牛的后代，专家们意见不一，但大多数人似乎倾向于肯定的答案。

上面说的那两种牛都生活在温带或热带地区，而野牛（bison）则生活在更加靠北方的严寒地带。野牛不属于原牛后代中的任何一个分支，但它们却是旧石器时代可在岩画中见到的巨大牛科动物中遗留到今天的最后的活化石。尽管其外表和牛类更为接近，而且在北美还残留着很多通常与斗牛相关的仪轨使用野牛作为主角，但它们与牛属的亲缘关系要比瘤牛或牦牛远得多。类似的情况还有生活在亚热带非洲和亚洲的水牛，它们同样与公牛有着亲缘关系，但其与远祖"原牛"的关系要更近一些，处于种属演化链的最上游部分，极少被驯化，唯一一种例外是印度与马来群岛独有的阿尔尼牛，也被称为"沼泽水牛"，这种水牛在几个世纪间被引入尼罗河谷、巴尔干半岛以及意大利北部与坎帕尼亚的产稻地区，逐渐适应环境后定居于这些地方，其他地方的各种水牛还都保持着野生状态。

这些充满异国情调的远亲就说到这里，接下来我们这本书中主要记述的是公牛、犍牛和母牛。我们自以为对于它们并不陌生，因为现实中随处可见它们在乡间悠闲地嚼草，但这田园风光却覆盖不了其丰富的自然文化史之万一，它们在历史的浪涛中跌宕起伏，形象也是随之一波三折，在远古时代有时甚至充满了血腥、黑暗的回忆。

1 原牛（欧霍克）

◀ **拉斯科的大公牛**

拉斯科石窟中的"公牛厅"得名于其石壁岩画中五头巨大的原牛，与之同框出现的动物有马、雄鹿、一只"独角兽"，似乎还有一只熊。拉斯科石窟的原牛可说是旧石器时代艺术中最气势磅礴的动物形象，最大的一头体长逾5米。其创作的年代目前仍存在争议，但基本可以定位在距今1.8万～1.7万年之间。

　　欧霍克（Aurochs，又称为原牛、乌牛）是我们今天所见的野牛[1]与所有品种豢养家牛的共同祖先。在旧石器时代有关动物的艺术创作中，至少从数据上看，它算不上是什么流量明星。在考古洞窟的墙壁上，无论我们发现的创作载体是线描画、岩彩画还是雕刻画，最常见的两种动物都是马和水牛[2]，紧随其后的依次是猛犸象、野羊、鹿、驯鹿，再后面才轮到原牛，它在史前史学家们的笔下甚至不配拥有姓名，常被称作"大野牛"。在拉斯科石窟一进门的第一个大厅中，迎面而来的就是它们了，其中最雄伟的那一头原牛全长逾5米，代表了洞窟岩画艺术中最著名的动物形象，成为了一种徽记，甚至直到今天还被选用为产品的商标，而这个展厅也由此被称为"公牛厅"。尽管出尽风头，但这头拉斯科大黑牛并不是洞窟艺术作品中最古老的动物作品，原牛形象也曾出现在更加古老的洞窟岩壁之上，有时独占版面，也有时与其他动物济济一堂。比如肖维岩洞（Chauvet Cave）的一面岩壁上，我们就会发现在一群马和犀牛

1　尽管在法语中常将牛通称为"公牛"（taureau），但在中文的词汇表达中"公牛"并不是一个物种的概念，而是蕴含着性别区分，从物种的角度，我在本书将之翻译为"牛""牤牛"或"牯牛"，公牛、牝牛、野牛、家牛、黄牛、水牛和牦牛等都包含其中，而在确具表达雄性特征的时候仍用"公牛"。——译者注；以下若无特殊说明均为译者注。

2　本文中所称水牛，均指现常见的"美洲水牛"（bison）及其祖先，种属形象接近于我国常见的牦牛。

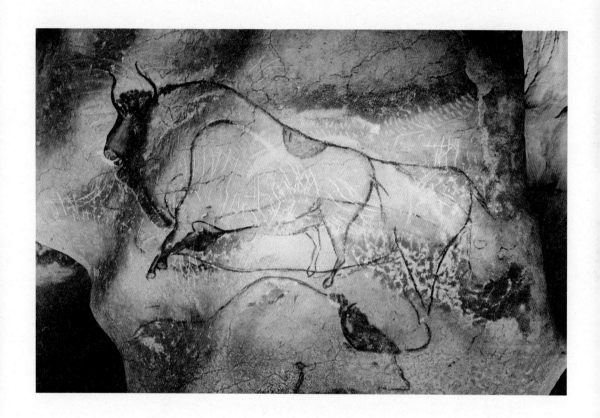

肖维岩洞的大水牛

肖维岩洞内发现了上千幅绘画和雕刻，其中447幅的内容中出现了共计14种不同类别的动物。在石室最深处的壁画上是用木炭绘制的一头巨型水牛；这幅作品距今应已有3万年上下了。与原牛的明显区别在于它的背上有大大的驼峰，且鬃毛形状与毛皮质地都全然不同，不容易混淆。这幅壁画部分盖住了其他年代更为久远的作品，而且在后来漫长的岁月中也曾数度遭到借宿于此洞的熊的撕扯划伤。

中赫然混杂着两头原牛。这是我们目前所知年代最久远的原牛，具体有多古老就很难断言了，因为这些壁画的痕迹彼此重叠，无法明确区分，大致可以推定是创作于距今2.5万～3.4万年之间。

石窟艺术

原牛是一种体形巨大的动物，雄性的颈高可达1.8～2米，体重近1吨，从岩画中描绘的环境看来，它们普遍生存在一种未受驯养的野性状态。它们毛短而质硬，也不浓厚，色泽深暗，雄性尤甚；脊背平直，没有驼峰；犄角尖利而盘曲，宽度可达1米有余，额平却气势逼人，鼻孔中不断喷出野蛮且残暴的气息，脾性悍猛，极具攻击性。在这样一副令人望之胆寒的外表之下，它们却是一种纯粹的食草动物，性群居，终身居无定所，始终漫步在寻找食物的漂泊旅程中。人类或许是它们唯一的天敌，我们知道在上古时代，尼安德特人就会猎杀原牛用作血食，从部分当时遗迹中发掘出的原牛骨几乎与鹿类的骨头数目一样多，后来出现的智人时代情况应该也差不多。不过，猎杀原牛可比猎鹿、野山羊或是驯鹿这些动物要难得多，也危险得多：人们首先要小心观察猎物的动向，躲在下风口悄悄地接近，将它逐步逼到沼泽里、悬崖边，或是诱进精心铺满了幽绿植被的陷坑；

接下来可以突袭，使其受惊乃至落单，逐渐把它折腾到筋疲力尽，最后才用特制的武器（长刺、标枪、装有各种形状枪尖的长矛、粗棍、铁叉等等）造成致命伤，慢慢将之弄死。同样地，在后续的肢解、切割和剔肉的过程中，也需要有专门的工具才能实现物尽其用。

旧石器时代涌现出的艺术家们已经能够像对其他野生动物一样，近距离地研究这些雄壮骇人的原牛了，然后再通过描线、雕刻或是彩绘的形式将它们重现在洞穴的石壁之上。但这些绘画作品却将史前史学家原本面对的疑团搞得愈加错综复杂了。下面，我们来对他们所感兴趣的谜题做一些综述，探讨一下原牛的形象与在岩画中呈现的其他作为主角的动物间的关系及其地位。

有的史前史学家曾提出一种假设，认为原始人是单纯为了审美快感进行艺术表达，也即是说"为了艺术而艺术"，这种观点很快就被抛弃了；布劳伊神父（1877～1961年）的学派则偏爱另一种说法，认为原始艺术是与狩猎的巫祭仪轨联系紧密的一种偶像崇拜行为，这成为了一种学界长盛不衰的理论。他们猜测这些动物形象在当时人们的心目中可以起到加持和保佑狩猎者的作用，使他们获得某些超自然力量，抑或是能调整影响狩猎成败的流年风水；从这层意义上讲，绘画这个过程本身的重要性比最终呈现的艺术成果更为严肃、神圣。事实上也的确

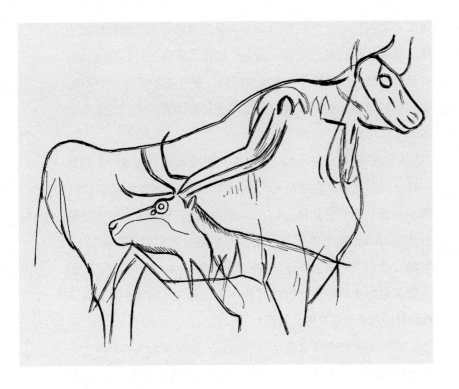

岩刻图纹：原牛与鹿

在洞窟岩画中，与其他动物形象的出场率相较，原牛的形象并不多见，而即使在
为数不多的图像中，其呈现的细节也非常多变，这种多样性主要体现在鼻吻部的
长度以及牛角的大小形状这两方面。也正是出于此原因，很多史前史学家都倾向
于用比较模糊的"野生牛属"来指称这一类的动物形象。而鹿则完全相反，一方
面出场极多，另一方面其树杈状的鹿角使它们非常容易辨认。与之形态最为相似
的是野山羊，但是由于羊的角要长很多，有着极夸张的后向曲度，基本不可能与
鹿发生混淆。

坎巴勒雷斯岩洞（多尔多涅），岩刻动物图文，距今约1.3万年。亨利·布劳伊神
父的拓摹图

如此，在洞窟岩画中，很多图形其实是毫无章法地重叠在一起的，也有些被绘制在很难被人发现的地方，甚至有些极端情况下可以说根本就没打算让人看到。而且，图像中极少出现被猎杀动物的尸体，更少有直接而具体的狩猎场景。尽管这种以绘图形式行使祝由仪轨的假说曾一度风靡，但还是受到了越来越多专家的质疑，最终完全被推翻。此外还有一种同样命运多舛的理论，认为这是关于族群或部落神话起源的图像表达，也就是说，这些绘画作品具有"图腾"的意义，每种动物形象都代表着一个族群或部落的纹章，其成员则会在某个时刻聚到这个洞窟进行"参拜"。

在上述几种假说中，我们更倾向于对其从符号学意义上进行诠释的观点，这有时会被称作"结构主义"的治史方法论，主要根据某类图像出现的频率及稀缺程度、图像间的相关与对应关系、各种图案在整个洞窟中的地理分布、动物间表现出的协同与对抗关系（我们观察到马与原牛之间或时有冲突）、动物的纲目与社会等级划分间的关系等发现进行深入分析。单看方法论的话，这些理论假说堪称学术界典范，在众多的图像与其义指符号间建立了逻辑索引，但不得不承认，这条路仍然是走不通的。在更近的研究中，与萨满教仪式相关的形象创作说吸引了一批热情的支持者（也有激烈的反对者）：他们觉得这石窟被当时的人们用作联结现世与来世的通道，抑或是通向宇宙尽头的通道；不同

石室、廊道、厅堂间前后接续的关系构成了一个创世或成长之
路，而那些图像，有些看上去就像是从石头的深处冒出来，而有
些刚好相反，仿佛轻飘飘地浮在墙壁表面，或许也就记录着萨满
在招魂附身的过程中出现的不同阶段的幻觉。这种假说很具有煽
动性和诱惑力，但仍然不能令人完全信服。

史前艺术中为什么会出现原牛？

以我们目前研究的深度而言，要对旧石器时代的岩画艺术
给出统一而权威的诠释还是极困难的。这当然不是说这种艺术
欠缺功能性和史学意义，而是说这些功能和意义目前很难加以
确定，因为在不同的作品中体现出来的差异太大，以至于无法
进行归类和汇总。原牛的图像就是一个特别典型的例子，尽管
我们有一些明显的特征能将之与野牛分辨开来，但不同版本的
原牛绘像之间，区别也很大：有些鼻吻部很短（坎巴勒雷斯岩
洞 / 利默伊岩洞），而有些则明显相对较长（布吕尼凯勒岩洞 /
勒布拉卡岩洞）；犄角就更加多变，其大小和形状在不同的岩洞
之间，甚至同一岩洞的不同壁画版本之间都会大有不同；有些
原牛图像的背脊也会像野牛一样，在颈部靠上一点的位置绘有
一个突出的驼峰；不过有一点是统一的，那就是它们都不会特

意刻画皮毛或鬃毛。但值得注意的还有一点，那就是原牛在壁画中甚少出现，这与它作为该时期最为抢手的猎物的地位很不相符，开始人们还只是为了吃肉而猎杀它们，后来，它们的牛骨和牛皮也都得到了充分的利用。到了旧石器时代晚期，牛皮材质的粗制衣物已经成为了人类蔽体和护身的重要保障，再到后来的中石器时代，缮修居所、制造帐篷，用的都是这种牛皮，而再发展一段时间，还会用它来造船。不过猎杀原牛的行动是风险系数极高的大冒险。雄性原牛身形庞大且秉性残暴，牛角一挑，牛蹄一跺，脆弱的原始人就性命难保。因此狩猎的目标往往锁定雌性和幼犊，并且要选择它们进食、饮水、交配、排泄等最为脆弱的时机下手。

不管过去学术界做过何种定论，我们仍然觉得在作为猎物的原牛与作为艺术表现的原牛图案之间建立联系是种非常理智的思路，特别是我们注意到它们通常会被绘刻在某些隐秘或难以进身的地方，仿佛是为了守护人类免受这些动物的伤害。固然我们若将这些图画解读成对于某次战功卓著或收获颇丰的狩猎行动的记录未免荒诞，但我们或许可以像萨洛蒙·莱纳赫和布劳伊神父所指出的那样，在里面寻觅一些蛛丝马迹，证明原始人是希望求助于超自然力量与图像崇拜获得心理安慰的，同时也能提前召唤些神秘力量对目标猎物起到控制作用，他们在锚定猎物、暗中跟踪、牵制引诱、围捕压制的全过程中，甚至还有几分象征性地请求猎物谅解自己征伐行动的动机。我们在有据可查的近世历史时期见到了更多类似的情况，比如凯尔特人和日耳曼人往往用动物的画像当作具体动物的替身；又如在北欧民族的文明中，若要猎杀熊，出发前必会有祈福或颂歌之类的仪式，内容就是恳求得到熊的谅解和容许。那么这种风俗会不会是从旧石器时代就流传下来的呢？

史前史学家们或许并不该如此轻易地放弃在狩猎活动、绘画表达与巫术仪式之间寻求内在联系的传统思路。岩壁上的图案为什么就不能在某些具体的情势下产生一定的原始巫术信仰价值呢？考虑到当时男性的唯一职业就是狩猎，而在岩画艺术的动物角色中频繁出现的顶流物种基本也恰好都是数万年间原始人类当作主要野味竞逐的那些大型草食动物，包括野牛、野马、长毛象、驯鹿、马鹿、野山羊、原牛……所以，今天我们重新捡起这种早已被否定的研究线索，或许真能走出一条新路。

史前史的续篇

现在让我们沿着时间的长河顺流而下，看看到了满布迷雾的史前时代之后，关于我们的原牛又出现了什么样的记载。走进新石器时代，在野外生存的原牛数量锐减，难得一见，至少在欧洲大陆我们比较熟悉的那部分区域，这种消失的趋势特别明显。这是因为人类开始大面积地开垦农田种植粮食，在不断扩张的耕地面前，森林的边界一步一步退却。同时，将牛驯养为家畜的尝试也从这个阶段开始了。到了古典时代，在希腊与意大利一带，作为野兽的原牛似乎已经彻底消失，基本没有什么史料述及，即使偶尔提到，也将其视作一种异兽。恺撒就是个很好的例子，在他的著作《高卢战记》中，专门有一章是关于日耳曼尼亚的，其中谈到在"海西的幽暗森林深处潜栖着大量的古怪异兽"，原牛赫然在列（他说的那"海西森林"在当时覆盖着中欧的绝大部分疆域）。原话是这样的："第三种动物被称作'乌鲁斯'（urus，即拉丁语中"原牛"的译文）。其体形仅略小于象，尽管皮毛与外观都与当代野牛相似，但力量与速度都令人叹为观止。它们的目光尤其锐利，无论是人还是其他兽类，一旦被发现就绝难逃脱。可惜这种动物无法被驯养，即使是初生的牛犊性情也是刚猛不化。人们若要猎杀它，通常要精心布置陷阱，再将其引入埋伏。狩猎乌鲁斯的活动是对年轻人的一种训练，使他们得以淬炼技能，一步步负起成年人的责任；猎杀乌鲁斯最多的勇士将它们的角当作战利品佩在身上，这会使他在族人中获得无上的荣耀与颂扬。这种大角与我们所常见的牛角截然不同；人们会用银饰装点在其四周，到了宴会的时候，还能用作盛酒的角杯。"（《高卢战记》第4章，28页）

　　我们注意到，这里恺撒用了"乌鲁斯"这个名词来指称原牛，在拉丁语中这是个生僻词，而且极有可能是外来语，引自日耳曼民族语汇。因为这个词看上去是基于日耳曼的常见词根 *uro（c）hs，这个词根又可以进一步分解成 ur-（原始、太初、远祖级的）和 ochs（牛属）两个词元组件。至于现代法语词汇中的"aurochs"，经过史家们从 16 世纪开始长达两个世纪皓首穷经的考据，最终在布封的研究中得以证实，其词源应该直接追溯到中世纪后期的德语中的"auerochse"一词。

　　1 世纪，普林尼在他的《自然史》第八卷中，采用了恺撒的一些说法，但没有套用他当时选的词语。他还特别提醒读者要注意区分野牛（bison）和原牛（bonasus），他指出，原牛只出现在日耳曼的黑森林中，没有鬃毛，但有非常庞大的角，而且其力量和速度都令人叹为观止。他还补充说，在那个时代流行的大马戏动物表演中能看到的只有水牛，从来也没有过原牛。他认为这非常容易分辨，因为野牛身上都覆着厚厚的长绒毛，而且吻部短而狭窄。但直到 18 世纪，许多作者仍然无视这两点非常明显的区别，而把欧洲野牛和上古原牛混为一谈。到了在这两个物种之间建立起明确分界线的时候，则已经是布封与林奈活跃于博物学界的那个时代了。

　　到了中世纪前期，在某些有葱郁森林广阔覆盖的高原地区，仍然间或可见原牛的身影出没，它们始终都是人类非常重要的猎物。甚至有迹象表明它们的数量比起在罗马时期有了显著的增长，这主要是因为耕地大量撂荒，森林重新占据了曾经的农垦地区。不过此时的原牛体形变小了，无论是颈高还是体重都有缩水，比起尼安德特人和克罗马农人当年面对的那种庞然大物，已经不再那么令人惊骇，对于猎手来说可能造成生命危险的风险系数也低了不少。6世纪末，历史学家图尔主教格林果在孚日森林的最深处见证了它们的出没，但并没有表现得惊慌失措，他的原话是："这可是一种只在深山老林才能偶然得见的名贵野味。"

贡特朗王在他统治的第29年赴孚日森林围猎，在那里发现了一头被猎杀的牡牛（urus）尸体。护林官被收押受审，务要查出何人如此大胆在皇家专用林区猎杀牡牛。护林官不堪盘问，供出此事或与皇室内务大臣肖东有关。国王闻讯，下令捉拿其内侍，五花大绑地押送到沙隆，启动御前公开审判，让他与护林官进行对质。肖东坚称自己无辜受冤，被护林官挟怨报复，于是国王依定例判决二人进行司法决斗。内务大臣由于年事已高，恳请指派其侄子代其出战……（《法兰克史》第10卷）

到了墨洛温时代，这种原牛不再是能肆无忌惮随意杀掉的

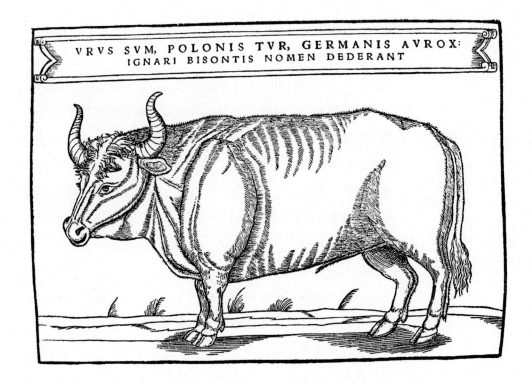

URVS SVM, POLONIS TVR, GERMANIS AVROX:
IGNARI BISONTIS NOMEN DEDERANT

俄罗斯伊凡雷帝时代的原牛图像

直到16世纪上半叶，极少有人会从西欧深入到俄罗斯腹地进行探险。但查理五世的外交官西吉斯蒙德·冯·赫伯斯坦却在1517年和1526年两次寻访这片苦寒之地，后来在1549年出版了一部专著，详细地记载了他的所见所闻，还附有大量木版画作为插图点缀其中。其中，这幅来自俄罗斯草原的原牛绘像引起了我们的高度重视。赫伯斯坦自称从未见过这种动物，并且明确断言这既不是常见的牛属，也不是牦牛或野牛。

西吉斯蒙德·冯·赫伯斯坦《莫斯科维茨笔记》维也纳，1549年版

动物，在皇家森林里猎杀更是犯了大忌讳！从此以后，在西欧的丘陵地带，这种动物似乎变得越来越罕见，因此在史料中，稗官们在它们身上灌注的笔墨也愈显吝啬。不过，在12世纪的一些文学作品中仍然会描绘英勇的主人公在闯入密林深处时遭遇这种强悍猛兽的桥段（克雷蒂安·德·特鲁瓦在《狮子骑士》中塑造的伊万就有过这么一段勇绩）。在罗马文献中也有些动物图鉴甚至专门用独立章节来介绍它们，但在名称上并不统一，有时像恺撒一样用拉丁化的日耳曼语"urus"，有时则用词源更难探究的"bonasus"。更晚些时候，到了中世纪和现代社会的交界时期，关于原牛仍然存活的消息就只能在波兰、立陶宛和特兰西瓦尼亚的只言片语中证得鳞爪了。除了森林砍伐和盗猎之外，由驯化了的家牛传播而来的瘟疫带给了这些原牛致命的一击，使其终于在其他的区域几乎销声匿迹。据1564年的一次统计，整个欧洲仅在波兰的森林中还能计得30来头原牛。又过了四十年，只剩下4头在波兰马佐夫舍地区的雅克托罗夫森林中出没，当地专门部署了一支警卫队为这些濒危物种提供保护，它们中的最后一头死于1627年，那是头母牛，标志了这个物种的正式灭绝。但这一段短短的时间足以让两位伟大的动物学专家——康拉德·格斯纳以及乌利塞·阿尔德罗万迪在各自的专著中分别详细描摹并以清晰图样留下了这种仿佛从鸿蒙初开处而来的神秘野牛的形象。

4

um syluestrium historia, (ubi etiam ostendi scriptores aliquot urum, bisonem, bubalũ & bonasum, confundere:) & de uro, eodem libro pagina 157. & rursus in Paralipomenis pagina 1097. ubi bouẽ hic pro bisone ex Sigismundi Liberi sententia pictum, pro uro copiosius descripsi. Miserat enim illum tum temporis ad me doctissimus uir Sebastianus Munsterus pro uro, ut etiam ipse acceperat, quoniam sic uulgò uocatur. Quod si quis utrunque ex hisce bubus Latine urum appellârit, minoris tantum & maioris, aut barbati iubatiue differentia adiecta, rectè illum facturum arbitror, quoniam bisonis aliud Latinum nomen non habemus.

BISON. Germanice Wisent. De quo ea tantum cognoui-
mus, quæ iam inter cætera de Vro scripta sunt.

10

20

30

DE BISONE ALBO SCOTICO.

40

50

60

IN Scotia Calydoniæ fyluæ olim dictæ nomen adhuc manet uulgare **Callendar** & **Caldar**. ea excurrit per Monteth & Erneuallem lõgo tractu ad Atholiam & Loquhabriam ufq. Gignere folet hæc fylua boues candidiffimos in formam leonis iubam ferentes, cætera manfuetis fimillimos, uerum adeò feros indomitofq atq humanum refugientes confortium, ut quas herbas arborefq aut frutices humana contrectatas manu fenferint, plurimos deinceps dies fugiant: capti autem arte quapiam (quod difficillimum eft) mox pauló præ mœftitia moriuntur. Quum uero fefe peti fenferint, in obuium quecunq magno impetu irruentes eum profternunt, non canes, non uenabula, nec ferrum ullum metuūt, Hector Boethius in Defcriptione regni Scotiæ. Et rurfus, Huius autem animalis carnes efui iucundiffimæ funt, atq in primis nobilitati gratæ, uerum cartilaginofæ. Cæterum quum tota olim fylua nafci ea folerent, in una tantum nunc eius parte reperiuntur, quæ Cummirnald appellatur, aliis gula humana ad internicionem redactis, Hæc ille. Mihi quidem genus hoc bouis uidetur recte appellari poffe Bifon albus Scoticus uel Calydonius, eò quod leonis inftar iubatus fit, ut de bifone Oppianus fcribit; fed non etiam barbatus, ut bifon fimpliciter dictus eidem.

BONASI (ut coniicimus) CAPVT ad fceleton expreffum.

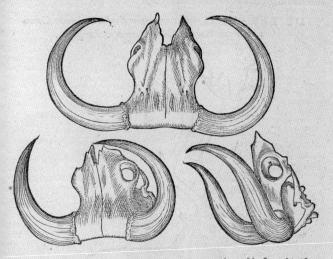

BONASI hiftoriam libro 1. defcripfimus, pagina 145. inter boues fyluestres, ubi picturam quoq capitis eius & cornuum dedimus ab amico quodam miffam. Sed quoniam præftantiffimus medicus Io. Caius ex Anglia nuper figuram cornibus differentem mifit, una cum defcriptione ad fceleton facta, hanc quoq; in commune proponere uolui. Mitto ad te (inquit in epiftola ad me) caput uafti cuiufdam animalis, cui nudum os capitis una cum offibus, quæ cornua fuftinebant, grauiffimi ponderis funt, & iuftum feré attollentis onus. Quorum curuatura ita fe promittit, ut non recta deorfum uergat, fed oblique antrorfum. quod quia uideri nequit in facie profpiciente, curaui ut appareret in auertente in latus. Spacium frontis inter cornua, palm. Rom. trium cum femiffe. Longitudo cornuum ped. 2. palm. trium, & digiti femiffis eft. In ambitu, ubi capiti iunguntur, pedis unius & palm. femiffis funt. Huius generis caput aliud Varuici in caftello uidi, quo loco magni & robufti Guidenis, comitis olim Varuicenfis, arma funt. Eo in loco cornuum offibus fi ipfa cornua addas, multo fierent longiora, & alia figura atq curuatura. Eo in loco etiam uertebra colli eiufdem animalis eft, tanta magnitudine, ut non nifi logitudine 5. pedū Rom. & 2. palm. cum femiffe circundari poffit. Aeque & ad id animal pertinere exiftimo omoplatam illam quæ uifitur catenis fufpenfa é porta feptentrionali Couentriæ, uti ut nulla fpina eft, (fi bene meminí) ita lata eft ima fua parte pedes 3. digitos 2. Longa ped. 4. palm. 2. Ambitus acetabuli quod armum excepit, ped. trium eft, & palm. unius. Circundat os integrum, non nifi pedū undecim, palm.

a 3

康拉德·格斯纳笔下的水牛

康拉德·格斯纳（Conrad Gesner, 1516～1565年）是苏黎世的一位博物学家，同时也是位涉猎广泛、著作等身的人文主义学者，他编纂了一部卷帙浩繁的动物学百科全书，在1551～1558年之间分五卷出版，其中收录了大量的木版画插图。这部书收集了古典时代和中世纪的大量知识成果，并以清晰的逻辑联系起来，同时还加入了格斯纳本人从考据学和解剖学等角度提出的个人观察与评论。与中世纪的作者相比，格斯纳没有将恺撒版的原牛（urus）与普林尼的原牛（bonasus）混为一谈，但却强调了它们之间存在着某种渊源联系。对于二者犄角形状上的差别此时尚未有定论，但他指出水牛有长长的鬃毛，而原牛则没有，"这就是区分两者最好的方法"。

康拉德·格斯纳，《动物史》-四足胎生动物章，克里斯托弗·佛罗绍尔印制，苏黎世，1551年附录，第4～5页

2 从原牛到家牛

◄ 罗马壁画，意大利

史前人类生存的几千年漫长岁月中，狩猎、捕鱼、采集果蔬等觅食行为是人类的主要（甚至可能是唯一的）社会活动内容。到距今1.2万年左右，一切都不同了：全世界的气候大环境发生了颠覆性的变化，气温升高且趋于稳定，湿度增大，这将导致地表占优势的植被类型产生变化，人与动物、植物之间关系的平衡点开始移动，人类的生活条件、生存手段、社会组织形式以及原始信仰等方面也将随之迎来革命性的演变。这可能是人类历史上最彻底也最重要的一次革命，我们称之为"新石器革命"。在短短的几千年里（公元前12000～公元前5000年），人们学会了农业耕作和家畜驯养，开始定居繁衍，开枝散叶，村落逐渐成为主流的人居环境。一些人还学会了制造工具，探索出了陶瓷、竹编、纺织等艺术形式，慢慢成了专业的工匠，又从中分离出商人。等到更晚些时候，车轮的发明、铁器工业的诞生催生了交易、旅居和战争，随着这些社会活动的增加，文字产生了。

驯 养

地球上所有领域都在这一时期集中产生了决定性的变化，各种动物的驯化自然也不例外。众所周知，犬类是最早得到驯化的动物之一，时间大约应该在距今3.5万年左右，甚至更早，当时主要驯养犬类的目的很有可能是作为狩猎的辅助工具，但也不排除此时犬类已经成为可用来看守门户或与人做伴角色的可能性。但是其他物种的驯化要等到很久很久以后。而这个结论也随着考古学界的最新发现、研究者们的大胆假设以及知识边界的不断扩展而随时发生变化。但可以确定的是：无论哪个物种，其驯化的过程都不可能发生在一夜之间，而是经过多个阶段逐步演变。而且，在不同的地域和不同的人类群体中，家畜驯化的各个阶段时间长短都是各异的。另外，研究中更需要保持清醒的是：我们所能发现的最早得以驯化的孤例，与在特定人类文明场域内的普遍做法的时间绝不是重合的，而且往往前后相差的时间跨度异常惊人。

这个问题在原牛的驯化史研究中表现得非常典型：到底从什么时候起，在这世界上的什么地方，我们可以说野生的牛属正式变成了家牛呢？直到今天，学界对此仍然争论不休，要想在一个确切的时间点上达成一致难于登天，旧的假设不断受到质疑，甚至就连究竟何谓"家牛"从来都莫衷一是。在"旧石器时代牛属"（Bos taurus primigenius）的后代中就已经分离出了各种不同的牛种群，这些种群的分化历史是相当久远的，所以在长期发展中各自获得了明确而微妙的特征。然而，基本可以肯定的是，在近东和中东地区，绵羊和山羊的驯化都比牛要

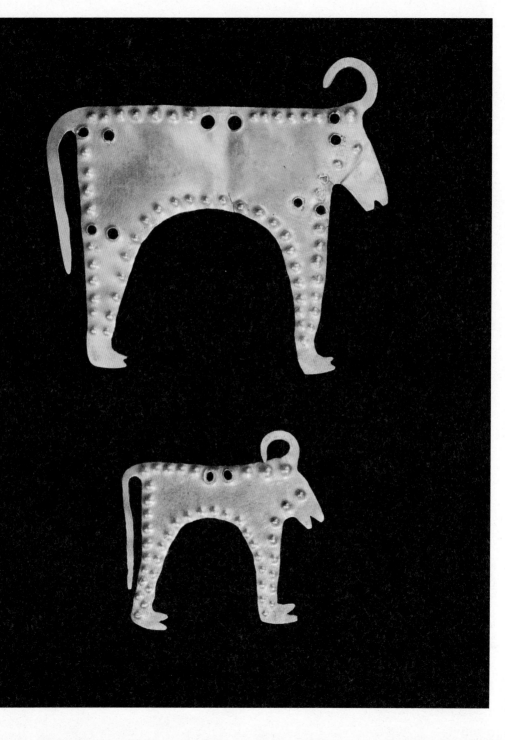

早，大约是在公元前9000～公元前8500年之间。牛的出现要略晚于此，在公元前8000年左右，而猪要晚于牛，大约在公元前7000～公元前6500年，驴和马更是要再等上相当一段时间。但我们应该清楚，这些信息都不能说是确凿无误的。一方面新的考古发现随时都可能推翻旧有的时间定位，另一方面，任何一种家畜的驯养过程从开始尝试到最终成功推广都经历了一个漫长的历史时期，而且对于通常是地理上相距千山万水的不同人类文明聚落，这个时间跨度基本上是彼此独立的，比如在这个遗址显示家畜的驯化在定居前就完成了，而在那个遗址则完全相反，在其他某些文明中，出于尽可能多积累肉食的原因，狩猎和驯养有可能在数千年间都是同时存在的，非常难以区分。

然而，牛的驯化过程似乎在世界各地都是一样的，至少在

◂ **黄金与公牛**

迄今为止，在欧洲出土的最古老的黄金物品来自保加利亚瓦尔纳附近的一个大型墓园，在大量的陪葬品（戒指、项链、胸圈、手镯、宝珠）中，有两块制成动物形状的黄金叶片颇引人注目，它们的形象就接近于原牛或公牛（尾巴的特征使我们可以排除野牛或牦牛的可能性）。现代溯源技术分析表明，其年代应在公元前4600～公元前4200年之间。由此看来，这毗邻黑海的多瑙河下游一带似乎也就可以视作欧洲金饰工艺的起源地了。

黄金叶片，公元前5000年，瓦尔纳（保加利亚），考古博物馆，藏品编号I-1633和I-1634

近东和中东是这样。首先要对原牛的牛群进行长期的观察，然后找个机会将其一网打尽，挑出幼年的牛犊，将它们与牛群绝对隔离，单独锁在封闭的牛圈内，让它们逐渐接受并习惯被囚禁豢养的生活，这意味着看护它们、给它们喂食并照顾它们等等。除此之外，还需要选择培育良种，通过阉割部分公牛或宰杀部分小牛来淘汰掉生理较脆弱的牛只，仅保留那些精力最为旺盛的作为种牛，并尽可能积极辅助它们与牝牛交配。这些步骤在这些牛群中一代一代地延续下去，往往要经过几百年乃至几千年的育种选择过程。在最初的阶段，只能让已经被驯化的母牛与野生原牛进行杂交诞生后代，但随着年月累积，这不再是必需的规程了，因为这个驯化过程会对所有的牛类都产生影响，无论是公牛还是母牛，都迟早会不得不迎来形态乃至基因、生理、行为上的显著改变。相比野生的同类牛属，它们的体形变小，肉质变肥，两性形态上的区别都变得格外显著。它们的性情也不再暴躁认生，更加能够接受人类的监视，习惯人类与它们接近，饮食习惯也有所变化，生育能力大大提高，这导致种群数量迅速增长，在特定的区域范围内，家牛的数量比例迅速超过了野生的原牛。因此我们说使野生动物最终成功完成驯化并实现批量生产的关键还在于对繁殖的计划和控制，而不完全在于捕捉、隔离、监视和养护等环节。

作为生产工具的犍牛

在最近的三四十年中，动物考古学的发展进一步拓展了我们的知识疆界。通过分析从各地获得的动物化石，经考古技术鉴定确定历史时期，我们可以确定某雄性动物是否曾接受阉割（阉割过的动物在体态、骨形和牙齿结构等方面会有不同特征），或确定动物被宰杀时的年龄大小，还可以研究其饮食结构、病症情况、作为驮兽还是役畜，甚至还能判断其面临何等生存压力。基于目前的研究成果来看，最早的牛只驯化案例证据应该出现在今天的土耳其南部与叙利亚北部的某地，时间基本可以推算为距今1万年左右。以这里为源头，驯养犍牛的技术在随后的几千年间缓慢地传播开去，在公元前三四千年间传到了中欧和多瑙河流域。

由原牛向家养犍牛的演变一方面是适应全球变暖后全新生活方式的必然要求，另一方面也是新石器时代社会发展的客观需要。越来越多的人过上了定居生活，不再安于有今天没明日的粗放生计，从此可以通过种植粮食谷物、储藏食物以及驯养家畜来规划自己的人生。人类从驯服后的犍牛身上能够获得很多用品与服务。首先就是牛肉。不过，动物化石的排列方式告诉我们，在对牛类开始驯养一段时间之后，人们真正用来吃的仍然是古原牛的肉，而不是犍牛的肉。后来两种牛肉的食用比例逐渐发生了逆转。但猎杀原牛的行为自始至终都是人们扬名立万的重要手段，我们在各个地方的墓葬中都常发现牛的头盖骨和缀满零碎的牛头饰，这极有可能是标榜军功的战利品。肉远不是人们能从养殖牛类身上获得的唯一产品。一方面，它们提供牛奶、油脂和杂碎，在不同的时期和文明遗址中，在人们的饮食中或多或少占据了一定比例；另一方面，它还能提供牛皮、牛筋、牛肠、牛角和牛骨，用它们可以制作出许多功能性的物品。

话虽如此，人类最早考虑将牛属豢养为家畜的初衷可绝对不是为了获取这些社会生活的必需物资的。宰杀只是牛作为家畜的最后命运，但在此之前，它们毕竟要从事各种劳作，尤其是拉犁开垦土地以便新农民们播种的活计是非牛类承担不可的。考虑到人类的最终定居生活必然使它们演变为农耕者和制造者，因此我们可以假设人类最初豢养牛类时最主要的目的就是训练它们能够下田犁地。到了后来，随着人类制造工具水平的进步，牛不仅没能卸下犁头，肩上又增加了耙篱和车具，开始运送货物和人员，碾压批量收获的谷物和其他农产品；又过了一段时间，磨坊中的磨盘和碌碡也交给了它们来运作。除了一身的蛮力之外，牛类展示出的耐性、韧性和温顺的性情都令人们对这种大牲口情有独钟。能够豢养大量牛只逐渐成为崇高社会地位的表现，甚至成为权力的象征，我们可以从人类各个不同民族的神话传说中找到相似的说法来验证。

献祭的公牛

通过对这尊附有彩绘的陶器雕像进行时代溯源可以看出，公元前5世纪左右的苏美尔人文明中出现了用公牛进行祭祀的现象，这个文物是在美索不达米亚（今伊拉克）拉尔萨遗址中出土的。它有可能是一个与古代近东某位核心神祇（阿努、恩利尔、恩基）崇拜有关的祭祀物品。

雕像，红土烧陶，公元前5000年，收藏于巴黎卢浮宫博物馆，AO 15310

　　也因此牛从远古时代就成了奉献给神祇的牺牲，用作祭品的部位除了寻常的肉和血以外，还有独具特色的牛角。在欧洲发现的青铜时代文明遗迹中，绝大多数地区都在认定的祭祀场景中发现了供奉用的牛角。由于牛角与月亮之间有着神秘联系的传说，人们在它身上寄托了月神独有的繁育和丰产的力量；由此延伸，它们也日渐演变为绝对权力的象征，成为各个种族的国王、酋长或神主们获得天赋君权的冠冕。

从耒耜到深耕犁具

　　因为原始农人们将对丰收的美好愿望都寄托在牛角的神力

◀ 牛头饰角状杯

角状杯也称"莱通杯"，是一种陶制或金属冶制的饮酒器皿，形状顾名思义像一只巨大的牛角。其中宽大的敞口可以倒入液体（当时绝大多数是指酒），在另一端收口的地方通常以动物的头雕作为装饰。古代近东、波斯、克里特、希腊文化都给我们留下了大量这种样子的杯具，它们的表面或多或少会附带各色各样的绘图点缀。作为收口的兽头通常选用的都是有角动物（公牛或山羊等），但也有以狮子、狗、驴或传说中的动物头雕作为点缀的角状杯被不时发掘出来。杯子上只设一个提手，让人可以抓住提手举起大杯将酒浆一饮而尽，以求尽快把饮者灌醉。这种器皿没有能放置在桌上的底托，因此多数是在廷宴斗酒或是酹酒祭奠的场合才适合使用，但不排除也有更加贴近世俗民间的用途。

陶制角状杯，公元前440～公元前430年，波士顿美术博物馆，VP36

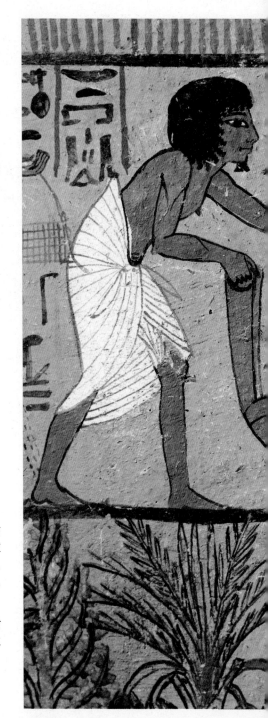

拉美西斯二世时期的耕作场景

很早以前牛就被套上了犁，也许这从公元前8000年左右刚刚驯化牛时就已经开始了。在单轭出现之前，犁被直接连接在牛的角上，而角的形状像月亮。从月亮到角，从角到犁，从犁到地，似乎传递着一种促进丰产的能量，它能推动谷物生长，让人们喜迎丰收。

一幅展现古埃及田间劳动的壁画细部，约公元前1280～公元前1270年，迪尔梅迪纳（埃及），法老御用工匠塞尼杰姆墓葬遗迹

上，所以在发明犁轭之前，犁头普遍都是直接连接在牛的犄角上，这样一来，那股带来丰产与繁盛的神奇力量就通过月亮传到牛角，从牛角传到犁头，从犁头传入土地，推动播下的谷物破土发芽，结出累累果实。后来到了公元前2000年前后，人们掌握了给各种牲口设计合适载具的技术，对技术的运用也日渐娴熟，辕轭也应运而生，从此以后牛不需要再像马和骡子那样戴着嚼子被拴在战车或货车上拉纤，而是用推的力量。牛的身体构造与马科的动物完全不同，它的发力点集中于身体的前端：牛通常可以把头压低过膝，集中全身力量来推动固定在角和顶门上的木辕。轭不仅是一种相当实用的划时代发明，而且其表现出的枷锁的形态颇具象征意义。古谚中让某人"架轭套辕"（passer sous le joug）的意思大约就是"受制于人"，不管这指的是真实刑求还是假借其义，说到底都是彰显对臣服的敌人所具有的绝对支配地位，能令其言听计从，甚至忍辱含垢。在罗马共和国时期，恺撒的军队这样惩罚战俘已经成了家常便饭。在年代非常久远的插画中还出现了可以使两头牛并排耕作的双轭，很多牛甚至可以首尾相连排成一排，以确保挖出的犁沟更深，更适合播种。

因为牛类具有充当劳力的功能，因此人们会对它们实行阉割，骟过的家牛在干活时会加倍顺服且耐劳。动物考古学的发现告诉我们，5000年前，阉割公牛的技术就已经开始日趋普及了。但在一些民族的宗教戒条中，这种做法是被禁止的，比如希伯来人就认为阉过的公牛是不再洁净的生灵，不可以用来作为牺牲祭品献给主神（出自《利未记》22：24）。所以我们说在《旧约》中提到的"犍牛"（bœuf，一般特指阉牛）基本都应该按照经过驯化豢养但并没有阉割过的"公牛"（taureau）来理解。然而，希伯来民族的习俗并不见得就通行于哪怕是比邻而居的任何其他民族。近东的大小文明之间有着巨大的差异，毕竟驯化一种动物并不见得总意味着阉割。

在古典时代的希腊和罗马，牛类始终与司掌农事的原始神祇信仰存在着牢不可破的联系。因此这就或多或少赋予了它们免遭主人毒手的特有地位：首先，耕牛只要还能耕耘土壤并持续获得丰收，就不能被宰杀；偷盗耕牛是刑事重罪；是否拥有耕牛以及家养牛的数量更是衡量家族财富的重要标准。于是在罗马时期，很长一段时间内都是用耕牛的价格（或是标准牛群的价格）来衡量债务、嫁妆、罚款和赎金的多寡。后来拉丁语中的"耕牛"（pecunia）直接具有了财富、财产甚至金钱一般等价物的引申义项，法语中的"pécuniaire"（金钱的、金钱能买到的、金钱能衡量的）一词就是13世纪时直接从拉丁语中引入的，可以作为这段历史的见证。

在希腊罗马的古典时代，尽管马的驯化技术出现得很晚，但马匹的价值从始至终确是高于牛的，也正是因为马身娇肉贵，在

公元前6世纪末的田间劳作

这是一只以黑色人像纹绘点缀的杯具细部，画工非常精细，在一侧呈现的是犁地和播种的劳动场面，另一侧则绘制了几只辛勤劳作中的动物，这里截取的是两头牛共轭拉犁的形象。在希腊陶瓷艺术中很少涉及农业劳作的主题，因此这只杯子被誉为"小巨匠"（主要是突出其对于细密画与缩微画作品的精研）出品，在收藏界是可以与所有同时代大师之作齐名的。

陶杯细部，公元前530年前后，巴黎卢浮宫展品，希腊、伊特鲁里亚和罗马文物

购置、驯养、驾驭方面花费的成本都更高，人们从来不用它们从事农业劳作。再加上马的身体结构相对脆弱，抵抗力不强，更不宜安排它们去做那些不怎么体面的工作。同样，牛却比驴或骡子更受青睐，但肯定不是因为牛更精贵，而是它们的力量相对更强，体格更壮，性情更温顺，特别是它们还能排出营养结构更丰富、肥力更强的农家肥，使其耕作的土地日益肥沃。

牛的这种不尴不尬的地位在中世纪延续了下去，直到近现

代距离我们非常近的时期才有所变化，尽管后来人们发明了有金属犁铧加持的深耕犁，彻底取代了粗笨的木制耒耜犁头，但继续在农田里埋头劳作的仍然是牛，而不是马、驴或骡子。当然，养牛的成本相对较低固然是重要的考虑因素，但最关键的原因是有很多骡马无法涉足的地方，比如崎岖的山地、泥泞的沼泽或是陡峭的梯田，牛都是可以一如既往地耕作的。牛的蛮力最强悍，因此它们还可以拉动满载着大量商品如粮食、酒桶、石材木材的大车，甚至是搭乘着全家男女老少的銮舆，在当时也只有社会地位最高的人才有资格使用：比如墨洛温王朝最后的几任君主，在我们学术界内外都被统称为"懒王"的老几位，在各自领地巡狩的使命都是靠着牛拉大车完成的，这可不是什么虚构的段子，而是证据确凿的历史事实。

罗马农学家对购买和养护畜养牛的经验

因为在罗马时代畜养牛是财富和阶层的代表，因此当时的农学家们在牛的饲养和管护方面投入了极大的精力，牛类成为他们最为热衷研究并发表评论的主题，因而产生了大量的著述，对牛生理和生活习性的方方面面进行巨细无靡的阐述。比如瓦罗（Varron），西塞罗曾视之为平生知己并称颂为"最渊博的

牛拉大车

罗马时代人们豢养的家养牛可不只是为了供应肉食，以及牛皮、牛角、牛骨等其他副产品，更不可能是单纯为了祭祀神祇。牛在被最终拉进屠宰场之前，终其一生都要辛苦劳作，除了拉犁头、二轮车、四轮车之外，还能推大车运送各种货物和商品、碾压谷物、转磨盘或是碌碡，总之所有驴和骡子能够从事的行当，牛都可以当仁不让地完成，且与它们相比，牛更蛮力十足、坚韧不拔、性情温顺，特别是在某些马匹难以涉足的坎坷道路上总能充当最可靠的帮手。

罗马3世纪墓葬浮雕版局部，国立罗马博物馆

罗马人", 在公元前35～公元前30年之间完成了三卷本的巨著
《论农业》, 其中专门有一段是为那些想要购置畜养牛的人提出
的宝贵建议:

> 欲投资于畜牛者, 务必首先审视其体质骨架是否结实,
> 四肢是否无损, 体形以修长健壮为上品, 犄角色宜深, 额
> 宜宽广, 环眼墨瞳, 耳廓毛发森然, 颔部紧实有力; 再需
> 视其鼻略平, 背脊略有峰不可耸, 脊梁稍有弯曲, 鼻孔阔
> 而四张、口吻色泽呈褐色为佳, 颈项粗阔而长, 大量赘肉
> 由颈垂下, 胸廓肋缘清晰, 棱角分明, 双肩宽厚, 臀部坚
> 实; 尾长可垂至踝踵, 尖端毛簇稍卷曲, 腿短而直, 后腿
> 距离跨度适当, 膝部突出, 蹄宽而不偏行, 形状均匀光滑,
> 胼胝完整无裂纹。最后, 皮的触感不可坑洼糙涩, 毛色宜
> 为黑红褐色, 黄白色者不可取, 盖浅毛多娇, 暗毛笃健之
> 谓也。(《论农业》第2章, 5页)

按说, 精确到这种程度就已经很难做进一步补充了吧, 但
总有史料会出乎意料地出现: 大约过了不到一个世纪, 科鲁美
拉, 一位几乎没有任何生平事迹记载的作者, 给我们留下了一
篇以极其美妙的拉丁文写就的农学长篇论著, 他不仅全盘吸收
了瓦罗的畜牛宝鉴, 而且加入了大量其他内容, 主要涉及对牛

类疫病进行护理与治疗的措施和手段。其中，对于牛瘟、四肢骨折、断角、各种伤口、蛇咬伤、狂犬或狼咬伤、发热、咳嗽、腹泻或肠绞痛以及痈肿溃疡等都做了非常详尽具体的案例研究。下面是一段对刚出现跛行症状的牛进行诊断治疗的医嘱：

当淤血扩展到牛的足踝附近，便会导致跛行。当这种情况发生时，必须当机立断地检查牛蹄部的胼胝组织，通过触摸来确定是否发热。可以用力按压受伤的部位，牛是基本上感受不到什么疼痛的。如果淤血还没有从腿部下降到角质蹄部分，可以连续不断按揉摩擦腿部患处，尽可能使其消散。如果这样治疗不能起效，可以采用浅割放血处理。相反地，如果淤血已经扩散到了相当低的水平，我们就要进行外科手术，用手术刀在两瓣足裂之间割一个小切口，再用浸泡了盐与醋的敷料进行妥善包扎，然后给牛蹄套上一部特制的靴套，特别注意万万不可让牲畜踩水，尽量保持在牛棚休息，并严格防潮防雨。如果不尽快提供淤血排出的通道，进一步淤积起来就会形成脓液，化脓将极大拖慢伤口愈合的速度。若已到此地步，则需沿脓肿外缘完整切开，然后进行全面彻底清洗，将棉絮团成球用醋、油和盐水浸泡后敷在创面，用等量的猪油与牛油混合熬成膏药贴牢，如此则有望实现痊愈。（《农业论》第6章，12页）

3 关于野牛与家牛的神话传说

◀ **受伤的米诺牛**

从1925～1930年这段时期开始，毕加索突然对米诺陶洛斯的神话产生了狂热的兴趣，这是一个桀骜不驯的怪兽吞噬纯真少女的主题，其内在蕴含的暴戾元素无疑与这位艺术家（在性冲动方面）大胆彪悍的创作风格与创作倾向产生了强烈共鸣。因此，毕加索创作了大量以此为主题的作品，运用了包括油画、版画、雕刻、素描、陶瓷、马赛克乃至面具在内的几乎所有技法，直到逝世为止。

巴勃罗·毕加索，《受伤的米诺牛》，套图其之四，蚀刻画，1933年

在古代神话故事中，有许多关于公牛、母牛、牛犊或更多普遍意义上的牛的故事，限于篇幅不可能一一提及。然而，其中绝大多数可以归纳为三个主题：一是偷窃牲畜，毕竟在原始农牧社会中这些大牲口是最主要的私有财富；二是变形，即由人形幻化成为野牛或家牛的模样，这里面还可以分为主动与被迫的变形；三是神或凡人与牛科动物之间灵与肉的媾和。后面两个主题出现最多的是在希腊神话中。希腊的神话集自上古以降人类创造的所有神话之大成，将之融汇、重构、润色后，再反哺到其他的神话传说体系中，在其他文明内部进一步得到重新审视和吸收利用。接下来接棒的就是崭露头角的文学作品了，他们将这些故事稍作加工，收纳进铸成欧洲文化基石的那些书牍章节之中。例如《伊利亚特》和《奥德赛》、维吉尔的《埃涅阿斯纪》、奥维德的《变形记》、北欧的《埃达散文诗》，以及爱尔兰神话中的重要篇章《库利牛争夺战》等。

伊娥，化身小母牛的女祭司

我们先来看看希腊神话，在各种关于牛类的神话故事中，希腊神话绝对占了大半壁江山，而其中最古早的当属伊娥的故事。伊娥是在伯罗奔尼撒岛阿尔戈斯供奉赫拉神庙的一位年轻女祭司，她曾在神前发下了保守贞洁的誓愿，但由于她惊人的美貌，岂止受到天下凡人的纠缠，就连主神宙斯本尊也觊觎她的美色。为了能够不引人注意地接近她并达成夙愿，宙斯把她变成了一头神采夺目的雪白小母牛。但他的神后赫拉很快就洞悉了老公的伎俩，威逼着宙斯将白牛交给她处置。宙斯虽然不得不息事宁人，但是贼心不死的他为了能够继续与伊娥相见交欢，自己也幻化为一头雄壮的公牛，与之暗通款曲。对自己丈夫信任度日益消失的赫拉患上了严重的疑心病，于是将那诱人的小母牛困在迈锡尼附近一片圣林中央，牢牢地拴在一棵橄榄树上，委派她忠实的信徒巨人阿尔戈斯严加看守。阿尔戈斯力大无穷，而且天生异禀，长着一百只眼睛，这些眼睛可以排成两班：当50只眼睛闭上睡觉的时候，另50只眼睛就圆睁着监视，交替轮班。由于百眼巨人夜以继日不眠不休的高度戒备，宙斯真的再也无法在不被发现的情况下接近他的情妇半步。于是宙斯觍着脸去求他的儿子赫尔墨斯，让他帮忙将伊娥从过度警惕的百眼巨人手中解救出来。赫尔墨斯有一支魔笛能帮助宙斯达成愿望，他吹奏魔音将巨人那当班的50只眼睛深度催眠，然后趁着阿尔戈斯卸下防备的时机割下了他的头颅。赫拉闻讯非常痛心，为了纪念自己忠实的巨仆，她将那标志性的一百只眼睛挂在了自己最中意的珍禽——孔雀的羽毛上。这就是孔雀尾羽上眼形花纹的来历。

赫尔墨斯解救伊娥

百目巨人阿尔戈斯受了赫拉之命看守化作小母牛的伊娥，他从来不眠不休，因为他的一百只眼睛总有一半是睁着的。但赫尔墨斯用魔笛吹奏的曲子催眠了巨人并割下了他的头颅。

彼得·保罗·鲁本斯-墨丘利与阿尔戈斯，布面油画，1635年，德累斯顿，藏于柏林画廊博物馆，画廊 Nv.962C

　　逃出了守卫的束缚，伊娥很快逃离了迈锡尼，但这来之不易的自由并没能持续多久。赫拉调来了一只巨大的牛虻，紧紧跟随着伊娥的行踪，她落脚到哪里，就骚扰折磨她到哪里，白母牛不堪其扰，心烦意乱，只能东躲西藏，足迹遍布希腊列岛、小亚细亚、高加索地区（在那里她还遇到了被缚的普罗米修斯），最后踏上了埃及的土地。旅途中涉及的很多地方都以伊娥的名字命名，比如爱奥尼亚海（Ionienne）和博斯普鲁斯海峡（按字面翻译过来是"母牛行迹处"之意）。在埃及，宙斯出面将伊娥恢复成了人形，并制止牛虻继续侵害她。后来她为宙斯生了一个儿子，起名叫厄帕福斯，在她最终告别人世的时候，众神之主将她送到天上变成了一个星座。又过了些许岁月，厄帕福斯成了埃及之王，在那里建立了孟斐斯城。更晚些时候，希腊与埃及共通的一些传统史料中，我们发现伊娥直接成为了埃及九柱神之一的女神伊西斯，而她的儿子则成为了神牛阿匹斯。如今，伊娥作为宙斯钟爱的小母牛的事迹已经被遗忘在历史的尘埃中，但她这两个字母组成的名字却在另外一个毫不相关的领域长期霸占着最迷人的桂冠，那就是风靡字母语言世界的"纵横字谜"游戏，无数定义与阐述都可以得到这个两字短词，每一个谜面都凝聚了无数语言文字学家精妙的语义设计，比如说"老母牛"、"母牛娘"、"毛女"、"爱之母牛"、"红心夫人变成的草花太太"、"伊戈尔（Igor）家的怪物"（impair

也做单数的，指单数位上的字母）、"快刀斩乱麻"（met fin a imbroglio，习语，字面意思可解为 Imbroglio 一词的词尾）等等。

米诺牛

　　米诺陶洛斯的传说是少数几个比伊娥的遭遇更加脍炙人口的神话故事。米诺陶洛斯直译就是米诺牛，一头半人半牛的骇人生物，它是克里特王后帕西淮与一头健硕的白色公牛之间孽缘的结晶。在整本希腊神话中，米诺牛可能是最知名的怪物了，古今无数艺术家都就这个题材争相创作，知名作品涵盖了从公元前5世纪陶罐上的彩绘到毕加索的画作，值得一提的是，毕加索本人终其一生对于米诺牛表现出的兴趣可谓如痴如狂。就这头怪兽的故事来说，来自历史渊薮中不计其数的文人学者都各自留下了同源异流的叙事版本，我们这里给读者们介绍的是其中最为经典的一版，出自奥维德的《变形记》。

　　故事的起源要从仙女欧罗巴说起，她是腓尼基诸国中一个国王的公主，貌美如花，宙斯本尊也对其一见钟情。一天当她带着一众随从在推罗一带赏游，她在父亲的畜群中，发现了一头洁白无暇、雄壮拔群的公牛，那毫无杂色的皮毛与善解人意的眼神使她仿佛发现了一个从不曾了解的全新世界，她情不自

诱拐欧罗巴

欧罗巴是推罗王的公主，主神宙斯也为其美貌倾倒。在一次率众出游的时候，女孩在她父亲的牛群里一眼相中了一头绝无仅有的雄壮白牛。她情不自禁地走近它、爱抚它，闻着它散发着藏红花香味的气息。那牛在她膝边跪下，仿佛示意她坐到背上来。公主自然跨上了牛背，而那牛甫一起身，立刻发足狂奔起来，带着她一头扎进大海，潜行到了克里特岛上。那牛正是惯于变形诱拐美女的宙斯本神幻化的。诱拐欧罗巴的故事是从古典时代到17世纪的艺术作品中被演绎最多的神话桥段。

红纹古陶瓶，塔吉尼亚，约公元前480年，米兰考古学博物馆

禁要去靠近它、爱抚它，感觉到它的呼吸都散发着藏红花的浓郁香气。那牛如知她心意一般在她膝边跪下，仿佛示意她坐到背上来。公主自然跨上了牛背，而那牛甫一起身，立刻发足狂奔，带着她一头扎进大海，潜行到了克里特岛上。原来那牛正是惯于变形诱拐美女的宙斯本神幻化的。到了陆上，宙斯变回了平常的样子，与公主在一棵巨大的梧桐树下喜结连理。欧罗巴公主为宙斯产下了三个孩子，分别是米诺斯、萨尔珀冬以及拉达曼迪斯。事后宙斯安排她嫁给常年无嗣的克里特岛国王阿斯特利乌斯为后，顺便将三个孩子过继给了他。又过了很久很久，当欧罗巴撒手人寰的时候，宙斯将她化作天上的星系，得以位列仙班。

老王阿斯特利乌斯驾崩后，米诺斯决意要继承克里特的王位，但他必须要向他的两个兄弟证明他是神选之子，于是他宣称七海之神波塞冬会应他的祈愿从海中送来一头俊美绝世、雄壮无匹的洁白公牛，以献祭给克里特的保护神。波塞冬真的送来了这样一头公牛，于是萨尔珀冬与拉达曼迪斯顺从神意，让米诺斯做了克里特王。大体说来，米诺斯是个合格的统治者，他为岛民们带来了富饶与公正，为治理王国从世界各地学习借鉴并逐渐形成了最公正严格的法律制度，但他的贪欲使他犯了一个致命的错误：他背弃了与波塞冬的约定，将那头说好要献祭的完美公牛私藏在了自己的厩中。

米诺牛

米诺牛是一个牛头人身的怪物，是克里特王的妻子帕西淮与一头雄伟拔群的白色公牛间不伦之行产下的孽种。波塞冬是造成悲剧的幕后黑手，他让王后对这畜生产生了难以抑制的狂热激情。为避免人们见到这只怪物，国王请代达罗斯建造了一座迷宫，将它关在里面永不露面。

阿提卡黑纹陶杯，约公元前515年，私人藏品

　　波塞冬的震怒撼天动地。为了惩罚米诺斯王，他操纵了王后帕西淮，使她对那头被私藏起来的公牛产生了难以遏抑的强烈欲望。在神意驱使下意乱情迷的王后故意打造了一个木制空心的母牛，将自己藏身于内，诱那公牛前来交合，事后数月，王后产下一个牛头人身的妖怪，他就是米诺陶洛斯。米诺斯王为了避免这种秽乱宫廷之事流出使王室蒙羞，也为将这样丑恶的怪物有效掩藏起来不被臣民和往来宾客注意到，他延请了当时正在克里特游历的天才建筑师代达罗斯，打造了一个路径曲折诡秘，一旦进入便再也无法逃出的宫殿，称为"拉比汉斯宫"（后世"迷宫"一词的来源）。在这个由扭曲纠缠廊道连接的无数彼此嵌套的房间组成的宫殿里，米诺陶洛斯被软禁在正中央，永远从人们的视线中消失了。米诺王虽没有革除帕西淮的王后地位，但不再宠幸她，而是四处猎艳求欢，妒火攻心的王后向老王的床帏下了毒咒：每当有情妇寝卧此床，全身血肉必被毒蛇猛蝎吞噬。

忒修斯、阿里阿德涅、代达罗斯

　　波塞冬的怒火并没有随着米诺陶洛斯的出生与皇室夫妇的决裂而平息。海神又把诞下怪兽的纯白巨牛化作一头狂暴的猛

帕西淮与波塞冬的祭牛

中世纪的基督教世界对于希腊罗马神话是相当熟悉的，这主要得益于当时奥维德那本脍炙人口的《变形记》，后来一次又一次地传抄、插绘、转译、改写。但彩绘师们不太会被古典故事的原始版本束缚住创作的天赋，比如在这幅细密画中，波塞冬的纯白祭牛就被画成了一头灰色皮毛的温顺公牛，而帕西淮那炽热难消的激情也被诠释成了一种温存的依恋。

奥维德寓言诗手卷中收录的细密画，1470～1480年间誊绘于比利时布鲁日，藏于法国国家图书馆，巴黎，法国手卷部137号藏品，第102对开页

兽，为整个克里特王国的居民带来了长达数年之久的腥风血雨。最后是宙斯与凡间美人阿尔克墨涅之子大力神海格力斯收到了驯服这头猛兽的敕令，他三下五除二就将狂牛降伏，扛在肩上送到了阿尔戈斯，完成了他著名的"十二劳役"中的第七项。但被送到希腊的凶牛继续肆虐，米诺斯的一个儿子安德洛革俄斯被嫉贤妒能的雅典人派出防御，不幸命丧巨牛铁蹄之下。米诺斯因此与雅典王埃勾斯大动刀兵，一举打下了雅典，要求战败国的雅典人每7年供奉7对童男童女作为祭品，给常年被囚禁在迷宫中央的米诺陶洛斯享用。埃勾斯不得不接受这骇人听闻的条件以换得自己的城邦不被克里特人彻底毁灭。

雅典人第三次送去祭祀队伍时，埃勾斯国王的儿子忒修斯请求让自己加入那些童男童女前往克里特。凭借着他过往无数英勇探险积累的经验，他试图一劳永逸斩杀这头恶魔，将雅典

▶ 迷宫里的忒修斯

忒修斯迷宫寻径的故事是吸引古今无数艺术家争相演绎的主题。阿里阿德涅送给他的线团通常不会展现出来，但在我们选到的这幅爱德华·伯恩·琼斯的惊世之作中，线团却作为一个很明显的道具。画家在复述这个主题的时候充满了创作热情：米诺牛表现得充满恶意，仿佛在与蹑声蹑足的希腊英雄玩躲猫猫的游戏，地面上随处都是被那怪兽吞噬的少年们的骸骨。

爱德华·伯恩·琼斯，《忒修斯与米诺牛》，浅彩墨笔画，1861年，藏于伯明翰博物馆与美术画廊

从这种屈辱的压迫中解放出来。在他坐着悬挂阴郁晦暗的黑帆船离开老父王时，他向父亲许诺，若能胜利荣归，必定在船上挂起象征着喜悦与荣耀的白帆。在克里特岛，忒修斯遇到了意料之外的贵人，那正是米诺斯和帕西淮的女儿阿里阿德涅，她对忒修斯这位勇敢的希腊英雄一见钟情，不仅为他详细讲解了那著名迷宫的构造，还给了他一个巨大的线团，让他一进迷宫大门就解开，一路放着线绳走下去，以便万一战败于怪兽，还能够找到回来的路。为报答阿里阿德涅大义灭亲的举动，忒修斯答应会带着她一起回希腊，并与她结婚。

　　一切都完美地如计划而行，忒修斯放开了线团，偷袭并击败了当时正昏昏欲睡的米诺陶洛斯，然后又借助阿里阿德涅的智慧找到了离开迷宫的路。他踏上了来时的那艘船扬帆归去，但到了基克拉泽斯群岛中的纳克索斯，忒修斯暴露出了本来面目，他从没想过要娶阿里阿德涅为妻，见异思迁的他将女孩独自留在了这座孤岛上。悲痛欲绝的女孩引起了酒神狄奥尼索斯的同情，于是狄奥尼索斯娶她为妻，给她各种礼物哄她开心，还把她带回了奥林匹斯。与此同时，衣锦荣归的忒修斯真的被喜悦与荣耀冲昏了头脑，竟然忘记了自己的承诺，没有换下船上的风帆，雅典老王埃勾斯在山崖上远远望见了船上悬挂着的黑帆，猜想儿子已不在人世，急痛攻心的老父亲投入了大海，后来这片海就以他为名，称为"爱琴海"。再也没人见到埃勾斯王，于是忒修斯继承了雅典的王座。

克里特岛上的米诺斯王同时收到了米诺陶洛斯被杀和自己的女儿背叛私奔两大噩耗，当他得知阿里阿德涅帮助忒修斯逃离迷宫的巧思以及帕西淮用来勾引公牛的机关都出自灵巧过头的代达罗斯时，不禁怒发冲冠，将建筑师和他的儿子伊卡洛斯关进了曾囚禁米诺陶洛斯的迷宫深处。但代达罗斯成功地打造了两对翅膀，使他们得以很快逃出生天。不过伊卡洛斯不是个谨慎的人，刚刚重获自由，就想像一只鸟儿一样振翅高飞，但他飞得太高，离太阳越来越近，灼热的火焰融化了粘结翅膀的蜡，于是他跌落下来，葬身大海。代达罗斯隐居在西西里，后来米诺斯再次找到了他，仍意图铲除，却又失手。西西里大岛的第一任统治者科卡罗斯是代达罗斯在当地的保护者，他让他的女儿们将米诺斯骗进沸腾的浴盆，使其惨烈而死。

革律翁的牛与阿波罗的牛

米诺牛的传说和前述那些与其相关的故事很有可能是史前斗牛崇拜遗存的鳞爪，证明在公元前2000年的克里特米诺斯时期，这种原始信仰曾是影响深远的。至于迷宫的意象，也有可能是对那个时期修建宫殿模式恢宏浮夸、扭曲诡异的一种反映，随着当代考古学的发展，我们逐渐理解了这种譬喻似乎是很贴切的。

其实在希腊神话中还有相当多的牛，有成精的也有普通的，但是驯服公牛通常都被叙述为成年仪式或是征战途中必须克服的艰难险阻。但同时也有一些与盗窃牛群或某些特殊品质的牛只为主题的故事。最令人印象深刻的应该是海格力斯盗取三头巨人革律翁牛群的故事，这是他"十二劳役"中的第十项。革律翁住在极西之地的厄里茨阿岛，常年迷雾笼罩，牛的皮毛都是一水儿的洁白无瑕，长着纯金牛角，由半人马欧律提翁和双头犬奥特休斯替他看管。海格力斯击杀恶犬，赶跑守卫，刺死了这位人称不可战胜的巨人，把革律翁的牛群赶回了希腊。

赫尔墨斯也曾犯过类似的窃案，与海格力斯不同，他是宙斯和阿特拉斯的女儿迈雅所生，在神界可谓智谋与精明的象征，传说在他诞生那天，于玩耍取乐之中，他就偷去了阿波罗的50头牛，并特意在牛尾巴上捆了树枝，边走边扫去牛群的足迹。他将其中两头牛献祭给了奥林匹斯，然后在父亲的呵斥下将剩余的牛归还给了失主。为了求得阿波罗的原谅，他送给阿波罗一把自己发明的独一无二的乐器：将几根弦绷在乌龟的甲壳上，称之为"竖琴"。

北欧的母牛与凯尔特的公牛

尽管在北欧神话中出场的牛确实少得多，但世界的起源却肇始于一头母牛。《埃达》中的宇宙起源传说是这样描述的：在无边无际的原始虚空中，来自北方的冰遇到了来自南方的火，二者的结合产生了世界上最早的两个生命体——巨人尤弥尔和母牛奥德姆拉。尤弥尔以吃母牛的奶为生，随汗而出，诞生了无数其他的巨人。而母牛奥德姆拉呢，在它舔食冰中的盐巴时，众神之祖布利诞生了。后来布利与女巨人结合诞下了更多的后代，因此他也就成为了奥丁与其他诸多北欧神祇的共同祖先。但神界与巨人的战争最终未能避免，尤弥尔在战斗中牺牲，他的尸体四分五裂，神用肌肉塑造成了大地，头骨幻化成了天空，血液形成海洋，骨骼形成山脉，毛发则为森林。树木从大地上拱出以后，神祇们在两棵树干上分别雕刻了一个男人和一个女人，并赋予他们生命，这就是人类的祖先，他们结合后诞下的子子孙孙开枝散叶走遍了世界。所以说没有母牛奥德姆拉，神、世界以及人类都将不复存在。

这样的内容不会出现在凯尔特神话中，因为凯尔特神话的内容主要是围绕着国王、英雄、勇士展开，而不是神祇本身，尽管在他们的神话系统中神多如牛毛，但没有一个能够像希腊的宙斯或斯堪的纳维亚的奥丁那样担当主神之位，有时人们会

认为凯尔特神仙谱系的魁首是鲁格，但并不是所谓的主神。没有神曾以牛的形象出现，但的确有几个女神会被比作母牛或是以母牛作为其标志性的御兽。比如，在爱尔兰神话中，繁获女神柏安德，其名字就可以拆分为"*Bo-Vinda*"，在古语中译作"恩许畜群者"。她可能与高卢神话中掌管泉水、健康与生育的女神黛末那同源，而黛末那的名字（Damona）则直接出于高卢古语中的"牛"（*damos*）。

在公牛的形象中同样蕴含了生育与繁荣的隐喻。凯尔特神话中最脍炙人口的故事出自爱尔兰盖尔语文献《夺牛长征记》（*Tain Bô Cûailnge*）。这个故事是一系列统称为"厄尔斯特纪"文献中的一部分，书中主人公叫作库丘林，是一位半神，同时拥有着战士的力量与魔法的力量。他的冒险经历与丰功伟绩数

◄ **奥丁的标志**

奥丁是北欧神话系统之主神，他有着很多独有的特征：首先他是独眼龙，左手持一根打神杵，右手持一把永不失手的标枪，他的坐骑是一匹八条腿的神马，两头令人胆寒的饿狼是其仆从，还有两只乌鸦每天都会环游世界一周，给他带来人间各个角落的消息。追根溯源，他最早的祖先却是一头奶牛，名为奥德姆拉，是在冰山融化中意外诞生的首个生命体。在斯诺里·斯图鲁松编制的《埃达》手稿中，图中的这一页集中收录了奥丁的特征与相关信息，这一版是1760年重新修描复制的。

藏于哥本哈根皇家图书馆，手卷部SÀM 66，第74行，封面

不胜数，乃至于人们都认为他是永生不灭的；但在书中，他由
于被卷进一场几乎耗尽了全岛军事力量的大型血战中，最终死
于凯尔特民族的第四大宗教节日萨曼节（约在每年的11月1日
前后）。

《夺牛长征记》的故事通过数版年代不同手稿的记载为我
们所知，其中最早的仅追溯到11世纪，但其情节内核的来源则
在口口相传的不断润色中流传了更多个世纪，至少可以上溯到
铁器时代。故事情节丰富曲折，主要讲述的是当时的爱尔兰诸
王国为争夺一头世所罕见的完美公牛，结成同盟挑战阿尔特斯
王国的故事。康诺特国的女王梅德伍嫉妒她的丈夫国王阿利尔
拥有一头传说中的绝世好牛"白角牛芬文纳奇"，于是觊觎厄尔
斯特王国的另一头绝世好牛"棕毛牛库林格"，想要利用这头牛
与丈夫的牛斗上一斗，以此证明她才是王国拥有最大权力的人。
但"棕毛牛库林格"的主人拒绝让出这头牛，于是一场血战开
始了。要知道，这头巨大的公牛确有一种惊人的力量：每天它
与50头母牛交配，且第二天就会生下牛犊，谁拥有这样的动
物，很快就能拥有世界最丰饶的牛群；同时作为一头公牛，它
的性格极为温顺，它会允许孩子们在它的背上玩耍，允许战士
们依偎在它身旁取暖。但它召唤奶牛的吼声非常响亮，能传遍
整个爱尔兰东北部的库林格半岛。

在这个精彩恢宏的故事结尾，厄尔斯特的勇士们在库丘林

的带领下击败了夺牛联盟的诸多王国联军，并夺回了他们已经霸占的库林格半岛及周边的所有母牛。厄尔斯特公牛的神威不弱于库丘林，康诺特王国的斗牛统统不是对手，最终它战胜并杀死了白角牛，但由于负伤过重，回到库林格后不治而死，这也印证了它本不能离开自己家乡土地的宿命。这个看似古怪的故事为库丘林的探险征战故事画上了句号，也为公牛突出的桀骜品性、强悍力量与繁殖能力树立起了尊荣的形象。拥有公牛就成为了源源不断的财富及至高无上权力的象征。在古典时代的传统观念中，公牛的所有者们都普遍具有这些特质。

4 公牛可曾是元始之神?

Le premier dieu?

◄ **为祭祀仪式盛装打扮的公牛**

在古罗马绝大多数的祭祀活动中,用来宰杀献祭的活物必须要选择形象靓丽大方、身体健壮无隐疾、无斑点瑕疵的,更不能经过阉割。因此在选择祭祀牛只的时候,雄壮公牛才是首选。即将被献祭的牺牲披红戴绿、花团锦簇,牛角精心画上纹绘或被漆成金色,在乐师与载歌载舞的人群簇拥下走向祭坛。在靠近祭坛的地方割喉放血,以确保祭品的鲜血能够喷洒到坛上。

建筑装饰局部残片、大理石制,罗马,118~120年,藏于巴黎,卢浮宫,希腊、伊特鲁里亚与罗马古典时期文物,Ma 992号

　　公牛是不是最早被人类视作崇拜对象的具有神性的动物？要得到明确的答案并不容易。在牛之前，熊应该是更早被人类崇拜的动物，这从旧石器时代的岩画中就能看出端倪。这种熊的原始崇拜尽管曾经在很大范围得到了承认，但在史前史的学术圈内并没有形成共识。关于这种跖行性动物到底能不能视作最早的类神崇拜对象，争议越来越激烈，而且反对者目前似乎占了主流地位。排除了熊，那么公牛就是当仁不让的元始之神了。有明确的考古学依据证明公牛的原始崇拜始于极早古典时期的美索不达米亚和埃及，然后自克里特扩散到绝大部分的希腊世界，接着在《圣经》中又诱惑了部分希伯来人，最终在公元前1世纪左右以多种形式渗透进了罗马帝国。

牛　神

　　有文献可查的最古老公牛崇拜应属苏美尔神祇恩利尔，作为能够连通天堂和人间的特定工具，从距今4000年前的时代就已经开始将大量的公牛作为祭品奉献给它。到了更晚些的巴比伦时代，半人半牛的阿努神也享受着相似的牛祭崇拜典仪。在美索不达米亚文明的其他表现中，公牛都代表着活力与繁荣这两重寓意。通过献祭公牛，当时的人们意图实现两种神之庇佑，

送向祭坛的公牛

马里古城遗址位于今天的叙利亚东南部，在幼发拉底河中游流域的一个平原上，那里已经发掘出了大量能够体现这座美索不达米亚城市曾经一度繁荣的物质证据，其全盛时期应在公元前3000年中期左右。那里的王宫重建过几次，都饰以体现不同时期特色的壁画，很多大块的图像仍然保存完好，比如这里呈现的这一片壁画局部就能证明公牛被用作祭牲的仪式。

马里古城王宫（第三期）壁画，约公元前1800年，藏于叙利亚阿勒颇国家博物馆

一是为国王和勇士注入其取之不竭的精神与力量，二是为农民们赋予其生育的活力以及预示丰收的吉兆。

　　公牛象征生育和丰饶的传统与早期古典时代印度西部文明的情况同出一辙。人们将牛角视作最能预示生育的风暴的象征，而且人们不会去阉割公牛而是将其驯化，让它们在田里劳作，将具有生殖特质的牛角通过犁具与土地直接联系起来，祈愿其神力能赐予农民们丰收。相传，在公牛死后，将牛皮做成的衣物穿在不孕不育的妇女身上也能治愈痼疾，尽快喜得贵子。这里不再赘述，但直至今日，印度仍然是以圣牛崇拜闻名于世的国度。

陶土牛俑

公牛崇拜从青铜时代开始以多种形式从地中海沿岸传播到印度河流域,当时那里孕育着一个同样繁荣的"哈拉帕"原始文明。在今天巴勒斯坦境内出土的摩亨佐-达罗考古遗址出土了大量的动物陶俑,有些是墓穴随葬,有些是祭礼用品。其中也有一些形态非常柔和的彩绘俑。就像图中所示的这尊公牛俑,很可能是祭祀用的供品。

红土雕像,藏于新德里,印度国家博物馆

　　远古时代的法老们要通过杀牛吃肉，使自身获得重生，因此，在埃及，公牛被视作生命的源泉和权力的象征。在生育恩典之外，牛在古埃及所呈现的意象中更多地象征了生命活力与性能力，这三者紧密结合在一起不可分割。牛神阿庇斯就是埃及神祇中最完整地以动物形象显圣，掌管丰饶与繁荣的神性表现。据说阿庇斯是天上的神火之种降于守贞母牛身上孕育而成。因为牛神会保佑尼罗河定期泛滥，保持土地肥沃，因此有据可考的阿庇斯神崇拜仪式自史前时代就在下埃及的孟斐斯出现了，此后一直延续到罗马时代。早期壁画中的阿庇斯通常被描绘成通体白色缀有黑色斑点的公牛，它在新王国时期的形象是常在角间挂着日轮。自那时起，它就与太阳神拉的形象紧密联系在一起，而在丧仪中，它又经常在冥王奥西里斯身旁出现，背上驮着死者的木乃伊。

　　但是在孟斐斯这里，人们是不满足于崇拜或供奉阿庇斯的形象的，他们还要寻到活生生的阿庇斯神，让其亲自接受祭拜和香火，于是埃及人会挑选出一头精壮公牛，视作神之转生。筛选转生神牛的过程非常严苛，必须同时具备29个极罕见的神之印记，少一个都不行。皮毛必须全黑缀以白色斑点（或相反也可以），额头上有一簇三角形的白毛，前腿上要现出雄鹰振翅的图案，侧身要有半月形图案，舌头下必须有一块金甲虫形状的肿块，尾毛必须分叉且不能有一根红色……凡此种种。一旦

发现，这头独一无二的神牛就会被虔敬地送到阿庇斯神殿，接受全埃及人民长达25年的供奉。修满年头以后，人们会送神牛归西，尸体做成木乃伊，举行一场奢华盛大的丧礼仪式，然后守孝70天，木乃伊将会被送入神牛墓地的宏伟石棺。此时就要开始重新去寻找另外一头符合阿庇斯神转世凡间条件的精壮公牛了。

在小亚细亚和近东地中海地区，绝大多数民族在其历史上总会有那么几个时期将牛视作原始崇拜的神性对象，主宰着力量与丰饶在世间的分配。腓尼基人甚至将他们语言文字系统中的首个字母奉献给了牛神，这就是后来拉丁字母"A"的起源，在最早的版本里，A是一个倒置的牛头形象，可能是对当时当地某个牛神风格化的缩微简化。其他民族如赫梯人、迦南人，特别是这些不同种族中巴力神的信徒，也都同时崇拜牛神。在

◄ **阿庇斯牛神下葬纪念碑**

被尊为牛神转世的公牛在寿终正寝后，被制成木乃伊置入石棺，同时放入大量名贵稀有的陪葬品。所有阿庇斯转世神牛的石棺都集中在孟斐斯的同一个墓园——塞拉潘神殿中。神殿中有一座石碑，上面布满了雕刻图案和彩绘，表现了当时的国王向神牛顶礼膜拜，或奉献祭品的场景，下面有些文字记叙了死去的阿庇斯神在这一世的主要功勋。这些石碑被深深埋在墙壁里，起到了封闭墓穴的作用。卢浮宫博物馆中收藏了大量此种石碑。

彩绘石碑，巴黎，卢浮宫，埃及文物部

祭祀仪式上用的公牛像

腓尼基人与所有近东、中东的民族一样，在祭祀中多会献祭生牛，并加以奉上很多能够代表公牛形象的其他祭品。比如这个可以追溯到公元前 2000 年的镀金青铜小公牛像，呈现的就是一头四肢健壮的公牛，它出土于黎巴嫩贝博洛斯的阿施塔特（Baalat-Gebal）女神庙，阿施塔特是城市的保护神，它也是巴力神的女性化身。

镀金青铜雕像，公元前 2000 年，巴黎，卢浮宫，AO 14680

《圣经》中也记载了希伯来人是如何被这种信奉偶像崇拜的异端宗教诱惑从而一次次地走上邪路，最终不得不靠如摩西、以利亚、何西阿这样的领袖和先知们以严厉的手段将他们引入正途。其中最著名的要属金牛犊的传说。当摩西在西奈山上领受神的石板戒谕的时候，走在通往应许之地路上的希伯来人苦苦等他归来，但他迟迟不到，他们都以为先知已然身死，于是纷纷转向亚伦，向他力陈需要一个能引领人民的神指明方向，因为那时的希伯来人深受埃及人崇拜牛神阿庇斯的影响，亚伦便要他们将所有的金银珠宝都汇集起来，铸造一头纯由贵金属打造的金牛犊，他们就将这偶像当作神来崇拜。当摩西从西奈山上带着刻着十戒的石板归来时，发现事态已发展到如此地步，不禁爆发雷霆之怒，摧毁了金牛犊像，扫除了所有进行类似偶像崇拜仪轨的信徒（出埃及记32：1—28）。

力量与生育

其实，对牛的原始崇拜表现最集中的还不是在近东的大陆，而是在希腊克里特岛。在很长的一段历史时期，克里特岛始终处在太阳和公牛的双头统治之下，而这两者都与某种以生殖崇拜为核心的宗教相关。这里的人对牛角的关注比其他任何

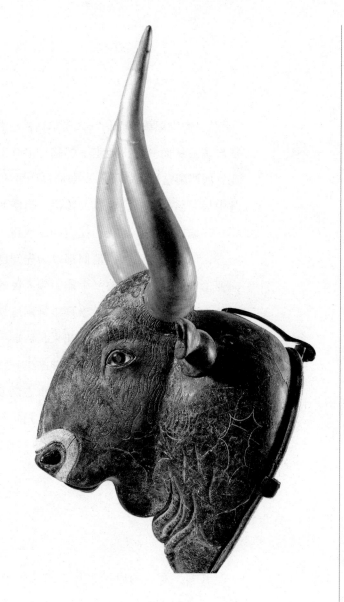

酹奠用酒水瓶

在米诺斯文明时代的克里特，公牛
是生命活力与繁殖能力的主要象征，
其形象被运用到各种日常器物中。
图中物品是一个前面提到的莱通杯，
出土于约公元前17世纪的克诺索斯
小王宫遗迹，整体形状呈现为一个
牛头。这在当时无疑是一件奢侈品：
杯体是坚硬的石质，牛角是染成金
色的木头，眼珠镶嵌的是石英，鼻
孔部则由珍珠母勾勒出来。其主
要功能很可能是用于饮宴的水瓶，
特别是祭祀仪轨中以酒水酹奠的场
合：或许里面盛的不是酒水而是牛
血也未可知。

石质莱通杯，点缀有木材、石英、
珍珠母装饰物，伊拉克利翁（克里
特岛）考古博物馆

地方的人都强烈，他们相信牛的生殖能力主要集中在牛角：触摸甚或紧握住牛角就会带来充沛活力，人财两旺。在克里特岛，出现了两种象征着获得永恒财富的配饰，一种是戴着牛角的头盔，很多古代的勇士都以佩戴这种头盔为荣；一种是象征富贵的"丰饶角"，里面放满了牛奶、蜂蜜和各种美味的水果，在希腊神话的版本中，有时也用山羊角代替牛角。

我们还可以从米诺斯时代的考古资料与文献中留下的蛛丝马迹寻到一些古代克里特典仪的鳞爪，包括牺牲献祭、豪华大宴、行围打猎、奔牛角斗，还有岛国的国王与王后在初夜行房装扮成公牛和母牛的仪式，这都是旨在祈愿将远古之神牛的生命活力与繁殖能力灌注到国王、人民、田地以及畜群之中。我们在上一章提到的很多神话故事，比如欧罗巴、米诺斯、帕西淮、米诺牛，大多脱胎于这些远古祭祀的仪轨过程，并为之添加新的内容与形式。这些传说流传到整个希腊，与各岛不同的固有习俗又进一步杂糅融合。比如忒修斯战胜米诺陶洛斯的壮举就在希腊世界建立起一个明确的标准：征服公牛就是英雄主义与阳刚之气的至高表现。接下来，伊阿宋与海格力斯先后发起了对公牛的挑战并最终获胜，伊阿宋在夺取金羊毛之前将火神赫菲斯托斯的喷火巨牛套上铁犁铁轭，海格力斯则完成了神交给的第七项劳役，即收服波塞冬放出的肆虐克里特的怒牛。

这些故事我们说得够多了，其实在罗马也是一样，牛的形

海格力斯降伏克里特牡牛

在大力神海格力斯通往封神之路上的十二项劳役中，第七项就是去降伏肆虐克里特岛的凶猛公牛，这头牛曾是米诺斯王在波塞冬祭品中私藏下来，后来又与王后帕西淮交合的纯净完美的动物，而现在却变成了一头鼻孔喷火的骇人凶兽。海格力斯单枪匹马制服了它，并将它送回迈锡尼。

尼古劳斯·范·阿尔斯特在安东尼奥·坦佩斯塔模板的基础上套作版画，1608年

象在很早的年代就与繁殖能力、雄性气概、战争与荣耀建立起了紧密的联系。最初关于马尔斯神的描述很有可能就是接近于近东牛神那样的公牛，后来才慢慢演变成了今天人们熟知的战神和暴力之神，直到帝国末期的史料中对它主要特征的记载仍然是……一头公牛。这也是在罗马原始宗教仪式中，给马尔斯神奉上最多的祭品总是牛的原因。但色列斯（丰收神）、巴克斯（酒神）、波莫娜（果园神）、法乌努斯（森林与牧神）、特勒斯马特（地母）也不遑多让，他们与4月举行的多个祈祷丰收与生育的节日祭礼息息相关，其中包括4月21日的畜群与牧人节（*Parilia*）、4月19日的谷物节（*Cerealia*）、4月25日的锈神节（*Robigalia*）、4月23日的葡萄藤节（*Vinalia*），毕竟人们相信在4月无论是土地还是植被都会被赋予一股焕然一新的力量，于是以农业为生的人逢这些节庆也会献上大量的牛只作为给诸神祇的祭品。其中描述最翔实，在我们看来也最为怪异的，要数4月15日的孕牛祭典（*Fordicidia*），这也是古罗马宗教系统中最古早的节日之一。在这天，罗马人要献祭一头"全母牛"（也就是怀了成形牛犊的母牛），不是公牛，也不是犍牛，而是这种孕牛，用以象征孕育着完美收成的土地。母牛死后，当地最年长的巫女会亲自动手将成形的牛犊取出并烧成灰烬，这些骨灰将在其他的节庆中被用作净涤灵魂仪轨的法器。奥维德在耶稣纪元之初编撰了一篇《岁时记》，以韵文的形式记录了罗马教历中

提到的主要节日，其中就包括对孕牛祭典节的详细介绍，对其
所以得名的语言流变也进行了探究。书中写道：

> 在金星月中日后的第三天日出后，大司祭要牺牲
> 供奉一头"全牛"（*Forida*），这个词语来源于拉丁语的
> "*ferendo*"，指的是已受孕并怀有成形牛犊的母牛（其实
> "*fœtus*"即胚胎一词也是由此衍生而来）。在每年的这个时
> 候，大约牛群都已经完成了交配，该抱犊的母牛也都已经
> 抱犊了；联想到土地，在这时也已经领受了金风玉露、天
> 地精华，在其"同样饱满的土壤中也孕育着丰盈的收获"，
> 所以说为了丰产的土壤，人们就向神祇贡献待产的孕牛，
> 也算意味深长。大量的母牛在卡皮托利山上被宰杀献祭，
> 整座山都汩汩地流淌着鲜血的急流。当祭司将牛胎从母牛
> 腹中剥开的那一刻，当地最年长的巫女就将其一把火烧成
> 灰烬，并把余灰收集起来，留到柏勒里亚节上用于净涤人
> 们的灵魂。（《岁时记》第四章，628—640行）

祭祀

在这里有必要花一些笔墨来概括性地介绍一下祭祀的问题，

无论是在近东、中东，还是在希腊、罗马的民众原始崇拜中，大规模的公开祭祀或小范围的私密祭祀都是古代宗教生活中最基本的仪式。最常见的祭祀就是为神灵献上珍贵物品，以便博取他们的欢心，获得他们的保护，或是得到宽宥与救赎，也有还愿的祭祀活动，则是表达对神灵的感恩与托庇。祭祀大多是见血腥的，当然也有不见血腥的。不见血腥的与我们的主题关系不那么紧密，主要用粮食、水果、美酒、鲜奶、蜂蜜或特定样式的糕点作为祭品奉献神祇；我们主要关注那些血腥的祭祀情况，这些场合献上的祭品主要是动物，雄性献给男神，雌性则献给女神：比如在希腊祭典中给波塞冬和阿瑞斯的祭品就是

▼　**骑牛杂耍的场景**

科诺索斯位于今天伊拉克利翁市附近，那里是米诺斯克里特文明的中心，也是有名的米诺斯国王宫殿所在地。可进行盛大祭典的几间礼堂都有完整的壁画装饰，其中一些残片勉强保留下来，使我们得窥真颜。其中最著名的，也是修复最完整的一幅壁画展现的是在牛背上表演杂耍的场景。作品的创作年代要追溯到公元前1800～公元前1700年。要说明的是这种活动绝不是现代斗牛在远古时期的原始表现形式，二者毫无关联，这其实是一种已可以明确推定的克里特青铜时代对公牛的原始崇拜仪式中作为标准仪轨之一的表演节目。除此之外，类似的骑牛杂耍表演图像在整个古代近东地区俯拾皆是，作为各种不同器物（包括但不限于水瓶、青铜器、象牙制品、印鉴等）上的装饰点缀为人所知。

壁画，公元前1800～公元前1700年，伊拉克利翁（克里特岛）考古博物馆

公牛，给雅典娜的就是母牛，给阿佛洛狄忒的则是母羊，德墨忒尔的专属祭品是怀仔临产的母猪，医神阿斯克勒庇俄斯的则是公鸡。当然，不同地区也会有些不同的风俗：比如给阿尔忒弥斯的祭品就有很多说法，有些地方献祭野山羊，有些地方要献祭熊仔，还有献祭白鹤的。也有很多种祭祀场合要求的祭品必须是多样的，且对于品种和数量有着确定的要求，有的要求3只一套、12只一套、20只一套，有的还要更多。举个例子，比如我们上面曾提到过，在罗马，最常见的祭品是公牛，但如逢最为庄严盛大的大地荡涤祭典时刻，就要在公牛之外加上野猪和公羊，这就是著名的"三牲祭"（*suovetaurile*），与中国的"太牢"十分相似，这样的一组三种雄性动物祭品同样也是奉献给马尔斯的，主要用来祈祷保佑出征的军队斩获大捷。

在古代绝大多数的祭祀活动中，用来宰杀献祭的活物必须要选择形象靓丽大方、身体健壮无隐疾、无斑点瑕疵的，更

▶ **为献祭的公牛加冕**

公牛在被送去献祭的路上，不仅要簪上鲜花挂上花环，还要戴上月桂花冠，就像受到夹道欢迎礼遇的凯旋将军一般。对于这种昙花一现的荣耀，它还必须表现出觉知和受用，最重要的是不能反抗，被选中成为神祭品的动物必须温顺恭良。

壁画，约公元前10年，那不勒斯国家考古博物馆，藏品111436号

不能经过阉割；性格必须顺从，在通往祭坛的路上不可有冲撞抗拒的事故发生。祭祀牺牲的毛色也有着很多重要的讲究：比如浅色动物奉献天神，杂色动物奉献海神，深色动物奉献冥神（掌管以地狱、幽冥为代表的地下世界）。在被赶去宰杀之前，先要对祭品进行浓墨重彩的妆造，戴上花环、花冠，披红戴绿，花团锦簇，对于有角的动物，这些角上会被精心饰以纹绘或漆成金色。割喉放血要在靠近祭坛的地方进行，以确保祭品的鲜血能够喷洒到坛上。随后牺牲将被肢解，内脏掏出来供祭司们查看是否有神谕谶纬，肉被割下来，一部分在祭坛上现场烘烤，借此象征祭品由神祇消受了去，剩下的则供祭司与神职人员食用。所有这些仪轨在操作过程中都要常念固定的经文、颂歌、祈祷文，只要错了一个字，整场祭祀仪式都将完全失去效用。

到了共和时代末期和后来帝国时代的罗马，用公牛来祭祀的仪式不仅仅局限于感恩神祇赐福或祈求神意眷顾，同时多种从古代东方传入的宗教也用这种仪式作为其洗礼的仪轨，比如对来自弗里吉亚的西布莉与其年轻的爱人阿提斯的崇拜、对埃及女神伊西斯的崇拜，还有更晚一些的波斯神秘教派密特拉，这些新兴的外来宗教迅速吸引了大量信徒，给传统的罗马原始宗教带来了严重的冲击。当时这种洗礼仪式被称为"牛血祭"（taurobole），需要通过一种特制的祭坛进行，让受洗的皈依者领受公牛的鲜血喷在身上，这种仪式象征着受洗者的灵魂由此得到净化，但这个原理并不总是相通的。古早相传的一种版本说公牛血是一种剧毒，罗马历史学家为我们留下了很多名人服公牛血中毒而死的记录，比如腓尼基的迈达斯王，伊阿宋的父亲埃宋，雅典战略家地米斯托克利，最出名的还要数罗马的宿敌，迦太基著名将军汉尼拔。

密特拉崇拜

在古代，血液是种非常独特的物质，因为其在不同文化场域的象征性往往有着极为矛盾的义项：当关注其在生物体内环流不息的功能时，它是生命之源；当生物大量失血的时候，它同时又是死亡之兆。因此，在血祭中牺牲们流淌出的血液通常被视作人与神进行交流沟通的渠道。围绕着血的此种特质，初民们发展出了一整套涵盖崇拜、信仰、传说、神话、仪轨、消禳等全流程的行为系统。基督教则自始至终与之进行着你死我活的斗争，在教会方面的宣传中，不仅将把生灵之血献给神祇视为大逆不道的恶行，就连人在血中行浸礼或饮血之类的行为都是邪门歪道，甚至是见者得诛的。

而密特拉教派正是以公牛献祭和用公牛血为新信徒洗礼为

密特拉崇拜

密特拉教派起源于亚洲，在1世纪和2世纪广泛传播至整个罗马帝国。这种宗教以神秘感著称，其主神其实是太阳（左上角清晰可见）而并非公牛。牛的地位其实既不是神也不是半神，只是一种祭品。祭司在离祭坛尽可能近的地方割开牛的喉咙，然后自己通体浸在牛血中，并将牛血洒在信徒身上以行洗礼和涤罪仪式。

石灰岩质祭坛上的浮雕残片，约180～200年，俄亥俄州，辛辛那提艺术博物馆

鲜明特色的一种信仰。与许多源自东方的宗教一样，密特拉教派将公牛的形象与太阳崇拜结合起来。主神密特拉是源于波斯（一说更早源于印度）的太阳神，与后来出现的基督一样，具有强烈的末世论色彩，这有助于其教义和信仰在整个希腊世界的传播，随后席卷罗马帝国的大部分地区。或许是战士们最早将这种起源复杂、充满神秘色彩的宗教引入西方世界的，他们也成为了最早的归化信徒。密特拉教派中的入教洗礼与涤罪仪式是以公牛祭祀为基础的，新受洗者在公牛祭品的血海中进行沐浴涤罪，吃下其血肉象征着获得生命力、勇力与繁殖力，从牛睾丸中提取精液让战士们喝下以赋予其不屈不挠的勇气，这种充满神秘主义的血腥场景常常能带给人们强烈的观感冲击。所有这些仪式都为同一个目的服务：将公牛的力量和繁殖力释放出来，并注进皈依全新神祇的狂热信徒们的体内。在经过了复杂的入教七步仪轨后，教徒们将由此获得身后救赎和永生的承诺。

考古资料显示，最初密特拉崇拜的仪式只有极少数人可以参加，而且是高度机密地在洞穴和地下暗室中进行。但到了1世纪和2世纪，随着追随者数量越来越多，教派开始公开活动，并与帝国的官方信仰形成了直接竞争关系。其与公牛相关的宗教仪式也变得更多样化，包括涤罪宴会、血腥献祭、奔牛竞赛和人兽相斗。甚至在罗马帝国晚期，还有几位皇帝也曾公开皈依这种一神教，因为那段时期来自埃及的伊西斯女神崇拜同样甚嚣尘上，伊西斯女神成为罗马社会民众所公认的自然万生之母，而密特拉信仰刚好与伊西斯信仰非常契合，于是在他们旨在融合信仰而行的敕令之下，牛祭甚至一度变成了社会公共仪式。直到君士坦丁统治时期（306～337年），由于基督教在经历了长久的风雨浮沉之后，终于获得承认，并最终在狄奥多西统治时期彻底确定了国教的地位，这种密特拉崇拜与公牛祭祀的风气才真正开始收缩、平息，最终退出历史。

　　5世纪前后的基督教作家普鲁登修斯对于这种邪教怀有强烈的敌视态度，在他的笔下，这种曾被视作倒行逆施的祭祀竟是如此骇人、恐怖："地下挖出一个敞开的密室，用木板相互拼接作为上盖，但要留下大量的缝隙，还会刻意钻出很多硕大的孔洞，祭祀就在这里举行。祭司盛装华服，置身于地下密室中，身披红绸，头戴花冠，心神不宁、情绪暴戾的公牛被径直牵到上盖处，刚刚站定就被划破胸腹，开膛破肚，灼热的鲜血从开放的伤口处如洪流般喷涌而出，暗红的液体在简陋不堪的过道上迅速蔓延开来，甚有浪涛奔涌的气势。血水带着腐臭的气息如暴雨般洒在密室中祭司的头上、衣服上，他全身无一处不被鲜血浇透，却丝毫没有退却之意，反而贪得无厌地誓不放过任何一滴，只见他头深深向后仰去，特意将脸颊、耳朵、嘴唇、鼻孔都充分暴露在这暗流中，还要将这腐臭的液体涂抹在眼睛上充当圣油。他真的连一寸肌肤都不肯错过，甚至张开血盆大口以便浇润口腔和舌头［……］最后，当他从隐蔽处现身时，浑身是血，面目狰狞却又充满虔诚的狂热，周遭的信徒皆匍匐在地，瞻仰着祭司经过涤罪后遍布全身的印记，对那头行止野蛮的公牛通过自身鲜血将他们与神祇的中介人染成邪秽不堪，如此便能使他们的灵魂得到升华和净化之事深信不疑。"（《殉道者之冠》14：14）

但我们要记得，普鲁登修斯记录下这些的时代已经是约5世纪初了，密特拉教派已经逐渐式微，没有多少信徒还在寄希望于公牛血的涤罪升华作用，因为从此以后，能够为人类实现赎罪和拯救的，将是耶稣基督洒在十字架上的圣洁之血。

5 基督教语境下的公牛

Le christianisme face au taureau

◀ 圣路加的公牛

拉文纳，克拉塞的圣阿波利纳雷大教堂，穹顶马赛克画，5世纪

在罗马帝国内部，基督教与密特拉教派之间的竞争持续了
三个多世纪，二者实际上有一些共同之处，比如同为一神信仰，
笃信重生复活、涤罪洗礼、摒除罪恶等，但这些却只起到了进
一步加剧对立的作用。尽管我们认为基督教或许确从密特拉教
派仪轨中吸收了一部分元素，但他们不仅从来不事献祭，且以
最强烈的措辞谴责献祭行为，因为耶稣基督在十字架上的牺牲
赎去了一切所谓需要祭祀的罪孽。从这种意义上说来，基督教
和密特拉教派属于两种截然不同的宗教类别。

被妖魔化的公牛

4世纪，基督教最终占据了上风，甚至获得了罗马帝国国

▶ **圣塞尔南的殉难**

塞尔南（有时又称萨图南）是生活在2世纪的一位颇具传奇色彩的圣徒，据说他
做了图卢兹的第一任主教，由于拒绝向异教的罗马皇帝献祭公牛，被惨无人道地
绑在已激得狂怒的公牛身上强拖着拉上了市政厅的台阶。那牛一直狂奔到今天陶
尔街附近才停下，可怜虔敬的圣人最后落得个肝脑涂地的下场。圣徒的遗物本来
就地存放在陶尔圣母院，到5世纪时被移送至一座新建的大教堂，也就是今天的
圣塞尔南教堂。

《金色传奇》法文手稿中的细密画插画，雅克·德·沃拉金，1348年，巴黎，法国
国家图书馆，法国手卷部241，对开219页

教的地位。于是，基督教希望趁热打铁，一劳永逸地消灭密特拉教派的全部残余势力。为此，鉴于公牛在敌对宗派阵营中占有的象征性地位，基督教便策略性地选择将公牛作为目标，全面挑起战端。这场战争分为两个阶段：首先，基督教的写手们借机就古希腊和古罗马的几位饮牛血自杀的伟大人物大书特书，将公牛宣称为一种血液带有剧毒的具有恶魔特质的动物。进而他们为已经遭受唾弃的公牛扣上了撒旦属灵的帽子，一说公牛是恶魔来折磨虔诚的基督徒时借用的化身。由此推而广之，牛蹄、牛头、牛尾，特别是牛角——与牛相关的所有这些形态特征从此都被赋予了地狱与魔鬼的象征意味，近千年以来我们在基督教的绘图中看到魔鬼常常是头上长角、脚为偶蹄、尾长如鞭的形象，这就是来源于早期对密特拉公牛信仰极端敌视的态度，直到中世纪末期，这种形象才被山羊取代。公牛——这种头上长角，浑身上下充斥着异教气息的生灵——长久以来受到教会神甫及其徒子徒孙的普遍厌弃，为其赋予了全然负面的象征意味。这种情况延续了好几百年。

　　中世纪的教廷无差别地敌视所有动物犄角乃至任何与犄角特征有关的物事。他们曾不遗余力地试图禁止战士们依照上古流传下来的传统在头盔上装饰各种动物犄角，从中世纪早期的圆头盔一直抵制到封建时期的柱状头盔，至少要限制其在战场上的使用。主教和传教士唇焦舌烂地反复强调禁止神的子民伪装成任何畜生，特别是雄鹿、山羊和公牛这三种如魔鬼一般长着角的诡异动物。尽管有着违逆戒律者将直接驱落地狱的危言，我们不得不承认在当时这种禁令的实效相当有限。因为在战士们的心目中，犄角从来——也将永远——都被视作神秘力量的感应接收装置，无论是在战场上还是在竞技场上都有着不可取代的地位，或许至少在文艺复兴时代到来前都是如此。直到现在，在很多民间凑热闹的大型活动或狂欢游行的队伍中，牛角头盔还是常见的饰物，更特别的是它们在纹章系统中保留下了大量证据，直到17世纪中叶，在盔缨与纹徽中我们仍能看到大量的牛角形象，或许只有到了巴洛克艺术风格大行于世的时代，这种潮流才正式画上句号。

现在我们先回到中世纪的叙事中来，对公牛变本加厉的妖魔化，到加洛林王朝中期达到顶峰，随后逐渐冷却下来，进入到一段漫长的讳莫如深的时期，人们避而不谈，不再主动将这些被憎恶的动物挂在嘴边。《圣徒传记》被公认是最爱在叙事中加入动物角色的作品，在这段时期也尽可能规避这些敏感的主题。只有数得过来的几段圣徒生平还在不断提醒着当时的人们，注意公牛在圣徒殉难过程中扮演的不光彩角色，比如厄斯塔什（Eustace）全家被关在一个熟铜制的公牛里面活活烧死，布兰迪娜（Blandine）和塞宁（Sernin）被野牛碾碎撕裂未得善终。

圣厄斯塔什一门殉难

厄斯塔什是哈德良皇帝治下的罗马将军，后皈依了基督教，在此过程中经历了种种抗争，罹受重重不幸，最后与妻儿们被囚困在一个公牛形状的巨型熟铜炉中烧死，全家殉难。这种惊心动魄的刑罚让后世信徒们牢记，他们正是因为坚定拒绝向异教诸神献祭而遭受了此般折磨。

《圣厄斯塔什行迹》彩色玻璃图样，沙特尔，圣母大教堂，13世纪早期

在这种情况下，愿意用与牛有关的叙事来证经或寓言的就更少了。但富尔达修道院院长、后来的美因茨大主教拉班·莫尔（Raban Maur）在9世纪时仍然这么做了一次，他把献祭的公牛与在十字架上牺牲自己为世人赎罪的基督进行了比较。拉班是唯一一个敢如此造次的人，属于典型的离经叛道。但自此以后，几乎所有的基督教作者都喜欢上了似乎可作为替代品的犍牛，其实犍牛作为释经和护教的角色被引入已经有了相当一段时间的积累。

被偏爱的犍牛

基督教最终还是无法从兽类图谱中将所有牛科属类完全删除。从6世纪起，传教士以及后来的释经家开始明确区分"公牛"（taureau）与"犍牛"（bœuf），他们认为前者是罪恶滔天的邪恶之物，后者则是良善、和平、坚忍、贞洁和堪用的生灵。为此，他们毫不犹豫地篡改了《圣经》的经文（主要是指早期拉丁语的译文）。圣杰罗姆以及他的前辈们在翻译的时候完全忠实希伯来、阿拉米或希腊文的原文，采用了"taurus"一词，但这段时期的传教士却将其转译成了"bos"（犍牛），甚至有时候还会用到"vitellus"（牛犊）或"buculus"（性别不确定的幼犊）

等词作为词根。这也就是为什么《福音书》作者路加的属兽本来很有可能是原始四形中的带翼公牛，但在后来诸世纪的流传中却统统变成了普通犍牛。同样，在关于《以西结书》（1：1—14）中的"幻象"和《启示录》（4：7—8）"第二活物"中，词语再一次被灵活处理，本来是公牛的还是变成了犍牛。在文字以外，绘画的表现更加不甘落后，在描绘献燔祭的图像时，出现的祭品统统都是羊羔或犍牛——两种得到基督徒们偏爱的动物，但其实本应都是公牛。根据《新约》释经学中的说法，羊羔是救世主本身的象征，而犍牛则自4世纪开始频频在耶稣降生场景中出现。

既然要研究基督教传统中犍牛获得偏爱的原因，我想我们有必要详述一下耶诞之马厩的形象意旨。

其实在四部正典《福音书》中，并没有一句话提到过在耶稣降生的场景中出现了驴或牛。仅有《路加福音》中明确记叙了关于约瑟和玛利亚从拿撒勒前往伯利恒参加恺撒·奥古斯都皇帝下令进行的人口普查，途中他们借宿的客栈没有房间，只得在旁边的马厩中暂得庇荫。而玛利亚就在那里诞下了孩子，牧羊人与三王得讯前来朝拜。路加就说了这么多，已经透露了很了不得的信息，其他三位《福音书》作者对于耶稣出生于马厩一事全部讳莫如深。直到4～5世纪之间编纂出的各种伪经（特别是《伪·马太福音》），才提到了马厩里有一头牛和一头

圣路加的犍牛

在教会传经者们的解读中，四翼兽（以西结和圣约翰在神游中所见的四个生翼的
动物形象，参见《以西结书》1：1—14、《启示录》4：7—8）其实是四位《福音书》
作者自己形象的呈现。《路加福音》的开篇描绘了向上帝献祭的场景，公牛正是其中
最具代表性的祭品，因此那头胁生双翼的公牛就被视作象征路加的属灵。但由于公
牛为原始基督教所憎恶，因此很快就被犍牛这种温顺、坚忍、仁义的动物取代了。

《凯尔经》，约800年，都柏林，圣三一学院图书馆，M.58，对开本290页背面

动物们也是"神之子"

耶稣为什么必须出生在马厩里？因为动物们也是他来到人间所要拯救的生灵。动物和人类一样，都是"上帝的孩子"。至少，中世纪的神学家中有些人是这样解释出现在马厩中的牛和驴的。正典的《福音书》中并不曾提到这两种动物，但从基督教早期开始，诸多疑经的文本和绘像作品中都热衷于描绘它们用气息温暖婴儿耶稣的情景。

多纳泰罗学派《耶稣诞生》，灰泥仿大理石浮雕，1460～1470年，私人收藏

驴，它们主动用自己的气息为新生儿保暖，而在意识到这个婴儿将成为救世主后，与玛利亚和天使们一同跪倒在地的情节。

《路加福音》成书于公元70～80年之间，用希腊文写成，写耶稣降生地点的时候用的是"phatnè"一词，这个词指的是马厩里喂草用的马槽，也可以引申为马厩本身。法文《圣经》译本中则使用"crèche"一词，这个词源自日耳曼语，是古法兰克语"krippia"的派生词，与上面的希腊语是同一个意思。现在普遍认为在马厩的食槽旁安排一牛一驴，从布景的角度上讲其实最初是构图的要求，在文本上是后来补全的。古早时期的基督教在图绘过程中，为了强调耶稣是出生在马厩中，需要引入一些具有标志性的元素，那么牛和驴因为很容易带给人马厩的印象而被自然地选取出来担此大任，单拿出来一只可能不足以形成印象，如果选取羊的话，会让人想到羊圈，与马厩带给人的感觉完全不同。恰好是牛与驴共同营造出来的氛围完美地构成了马厩应有的视觉要素。从最早绘出这对动物的宗教画作开始，这种组合就迅速出现在加洛林时代的各种文本材料中，并不断增加细节和评论进行支撑，反过来又促使更多的图像与文本涌现出来。

牛驴同厩

　　中世纪的基督教著者们对耶诞马厩中的这两种动物进行了深入的探究。它们为什么在那里？为什么是驴和牛而不是其他什么动物？为什么各只有一只？它们有什么象征意义？直到当代，很多史学家与神学家还在不断提出新的问题，但始终也没有得出统一的答案，但从解读思路上看主要能分为三大类。第一种是基于史料和逻辑的近乎实证主义的阐释思路，这种思路倾向于认

马槽里的牛和驴

在任何一幅以耶稣诞生为主题的图画中，研究驴和牛的相对位置都是很有趣的一个角度。它们中谁离幼年基督更近？谁与他的脸相对？谁在用自己的气息温暖他？这个问题无论是在中世纪还是在现代，从来都不是偶然为之的。

约1470年，巴黎，法国国家图书馆，版画与摄影

为驴和牛是约瑟和玛利亚从拿撒勒带去伯利恒的自有牲畜，驴子是给有孕在身的玛利亚代步用的，而牛则是约瑟带去为自己充税的。与之同源的解释还包括罗马皇帝敕令进行人口普查的范围包括人与家畜，于是约瑟与玛利亚就只得带着他们仅有的两头牲口一道前往伯利恒。

第二种解读思路是更具神学风格的阐释：耶稣降生时在他身边围观的牛和驴就是当他在十字架上受难时围观的两个盗贼的前世。但如果这么说，这两个动物哪个代表其中的好贼，哪个代表恶贼？众说纷纭。但是犍牛比驴子更常与好贼联系在一起。也有人解释说这两种动物代表着后来使徒号召人子们皈依救世主的两类"民族"：犹太人和异教徒。但同样的问题又来了：哪个动物代表犹太人？哪个动物代表异教徒呢？同样莫衷一是。部分中世纪教会写手认为牛常常是被拴在犁上的，这种意象的寓意是严格遵循古代律例的犹太民族，而驴子则必然代表着满身恶习（懒惰、固执、纵欲、愚蠢）的异教民族、罪人和偶像崇拜者。但其他作者（可能人数更多）的态度则刚好相反，他们觉得因为牛或公牛常被异教徒们视作崇拜的图腾和偶像，所以更应该代表外邦人（异教民族），而驴则貌似愚痴，冥顽执拗，更好地契合着犹太人笃信基督就是弥赛亚，对于唯一的真理盲目服从的虔诚民族特质。

采用与事物本身特征相对应的象征意象是比较恰如其分的，

亚当为每种动物取名字

这一幕出现在许多兽类图鉴的插图中，往往紧跟着《创世记》（2：20）中的文字："人子就给所有的牲畜、天空的飞鸟和田野的走兽取名字。"请注意，在这里，公牛与犍牛截然不同，是少数背对亚当的动物之一。这是否该从中解读出某种消极的含义？

一部拉丁文兽类图鉴中的细密画，13世纪早期，牛津大学博德利图书馆，阿什摩手稿，1511年，第9对开页

至少我们知道现代的著者往往普遍采用此种阐释模式。一种说法是说牛代表至善，体现着耐心、勤劳、恭顺，驴代表至恶，体现着悖逆与凶恶。更常见的是截然相反的说法，它们二者作为基督的属兽，共同象征着积极的一面：与其主同样饱受欺凌，与其主一样无辜受笞，与其主一样成为人类祸心的牺牲品。这种阐释风格是经过几个世纪慢慢形成的，最终成为了最通用的

释经学说，以及人们普遍愿意接受的说法。

以耶稣诞生为主题的画作不计其数，再加上表现东方三王与牧羊人赶来朝拜主题的作品更是浩如烟海，其中几乎永远不会或缺的要素就是驴和牛。这时候就体现出画师和艺术家在思路上的分歧了，有的将二者设计成基本一致的姿态，对称地将耶稣围在中央，还有的则用尽了手段和心机努力使它们的位置和行为大异其趣。对于后者，很多都会表现牛的正脸面对着婴儿，并用其气息为他取暖，而驴则不然，它们通常会被塑造为扭过头去自顾自地在食槽里吃草，也不费神向救世主致敬。如果对色彩再加以巧妙运用，很容易进一步强化这种差异，产生对二者明显扬抑的情绪。也有一些国家根本就不知道驴的存在，比如俄罗斯，在那些国度的圣诞主题画作中，驴往往会被马直接取代，抑或出现第二头牛的情况也不罕见。

牛与基督教

我们可以从耶稣诞生场景中频繁出现的牛和驴子看出中世纪的基督教对动物的关注程度。很多话题中都有动物角色出现，而且围绕它们的讨论和诠释通常会体现出两种截然对立的思想潮流与政治取向。一方面，必须要尽可能明确地将人与动物的尊卑地位区分开，因为人是上帝按照自己的形象创造的，而动物则是不完美甚至不洁净的，必须处于受支配的地位；另一方面，确有一部分释经者，尤其是从13世纪开始，他们的博爱开始出现了向外泛滥的萌动，开始建构起一种涵纳了所有生灵的社群共同体，如此一来，人与动物之间仿似也具有某种生物联系之外的亲缘关系。

第一种思潮无疑占主导地位，而实际上这正是动物形象频繁出场的原因所在。这体现着将人类与动物系统性地对照起来，以各种形式凸显动物作为低级生灵的工具性陪衬地位，经常主动地提及它们，这本身就是一种形式，动辄把它们与人类的事务强行联系起来，被迫作为人类象征和比照的对象，这些都是贬低其地位的形式。简而言之，用人类学家常说的一句话表示就是"以象征意义去看待它们"。从这里还引申出对于将人类与其他动物类物种以任何形式混为一谈行为的严厉打击，这包括禁止（尽管限令的实际收效甚微）人们把自己装扮成动物，禁止模仿动物的行为，禁止以动物的名义设立节日或举行庆典，更要严惩与动物建立各种不伦关系的行为，从对某些家养宠物（狗、马、猎鹰）过度的亲昵举动，到更加邪辟不齿的逆行（如行动物类巫术或人兽交媾）。

第二种观点比较小众，但似乎也更具现代性，同时可以体现出亚里士多德和保罗两种政治立场的影响。生灵共同体的思想来自亚里士多德，这一主题散见于他的多部著作中，到了中世纪，其号召力是分阶段逐渐强大起来的，而13世纪刚好是一个决定性的转折时期。但与此同时，在基督教传统学理的内部也出现了一种看待动物界的全新态度，刚好与亚里士多德的思想殊途同归，客观上促进了对其精神遗产的吸收和接纳，抱持这种态度的最杰出代表就是亚西西的方济各，支撑其思想的经典来源是保罗书简中的几段经文，集中体现在《罗马书》中以下这段话："但受造之物仍然指望脱离败坏的辖制，得享神儿女自由的荣耀。"（《罗马书》8，21）

每一位试图诠释经意的神学家都对这句话有着深刻的印象，他们普遍对这句话的真实意思感到疑惑：基督的降临真的也要拯救这些与"原罪"完全无关的动物吗？又或者，动物难道与人类一样，都是"上帝的儿女"？这些问题很难回答，而且各方意见分歧巨大。不过，对于一部分经学家来说，如果基督降临在马厩里而且身边真的环绕着一头牛和一头驴，这就已经足以认定他来到世间同样是为了拯救各种动物的了。

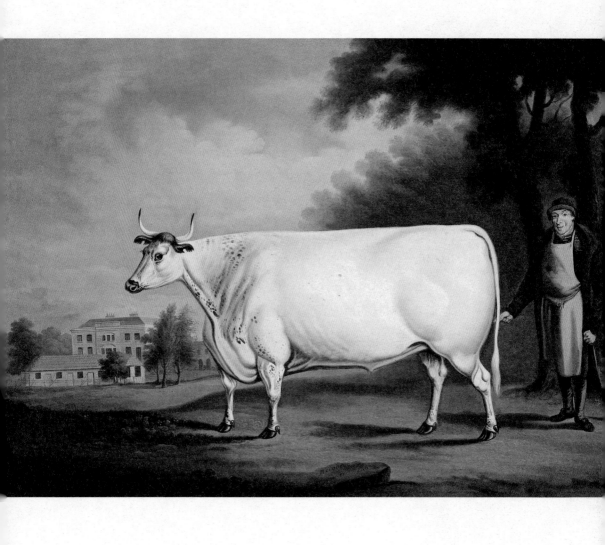

6 从动物图鉴到百科全书

◀ **获得艺术家青睐的动物**

画家丹尼尔·克洛维斯（1774～1829年）以画马驰名于世，但当画牛的主题在17～18世纪荷兰动物画派影响下于英格兰和威尔士开始兴盛时，他也跟风创作了一批牛的画作。

丹尼尔·克洛维斯，《南璃的白牛》，木板油画，1824年，威尔士，卡迪夫国立博物馆，NMW A 29363

中世纪的人们为我们留下许多专门论述动物的书籍，例如动物学百科全书，狩猎论文，寓言集，兽医、农学、养鱼和马术等各类专著。但是涉及动物这个领域的作品，年代比这些著作更早的有之，真正有研究原创在先的也有之。从古典时代开始这类书籍作品已经构成了其文化生活的重要部分，其中有些是技术性的（比如指导种植和培育麦子的农学论著）。但的确有这么一类是中世纪所独有的，并在12～13世纪的英国和法国大放异彩，那就是各色的"动物图鉴"，顾名思义，这类书就是些精美非凡的"动物书"，但是书中写到各个动物物种的目的并不是为了介绍而写，而是作为教义传递的载体，从动物之间的社会互动寓言故事中可以引申出很多义理诠释、宗教训典以及道德教诲。

动物图鉴中的牛

动物图鉴（也称"动物志"）指的是一类书，严格来说不属于普通的故事书，至少不是我们今天常听到的那类故事，这些作品是为了帮助人们更好地认识和理解上帝、基督与圣母而作的，但更重要的是利用魔鬼和其地狱使者的化身或属灵点醒那些世间有罪之人，起到警世作用。故事作者们（以神职人员为主）为达到此目的，将取材的范围设定在《圣经》故事、圣徒与神甫行传内，但也有一部分是来自一些在历史长河中逐渐获得权威地位的古典作家笔下的故事，比如亚里士多德、普林尼、埃里亚努斯或塞维利亚的伊西多尔的著作。从11世纪开始，在宗教文化生活的许多领域，如在布道、图绘中，在童话、预言中，在讽喻隽语、常语俗谚中，乃至纹章与族徽的设计中，都可以见到这些动物图鉴的渗透影响。

　　一般来说，动物图鉴中用在家养和驯化动物身上的笔墨往往少于野生动物，而且通常将相近族属的动物（比如犍牛、母牛、公牛等）如列传一样，归总收入同一章节，有时候还会进行适度的拓展，收纳进一些可以称之为牛属"表亲"的较为罕见猎奇的动物，比如前文提到的原牛（*bonasus/urus*）、伯纳孔（*bonnacon*）之类。

　　我们按照动物图鉴编撰者通常喜欢的顺序来介绍，首先要说到的肯定是家牛（le bœuf，泛指常见的普通家养牛，可包含两种性别，但通常指阉割后的犍牛），在此类作品中，通常作为被赋予正面意义与价值的角色存在。在阅读中我们可以归纳出，牛的普遍印象是能干而温顺，对于主人服从性很强，在农事上，拉犁、推磨、踩谷、榨浆，全都胜任；在商事上，拉车扛谷，客货两用，从来不辞劳苦。更不用说牛本身就能提供给人们大量物质供养：牛肉、牛油、牛皮、牛毛、牛骨、牛

角，可谓浑身是宝。我们在前文提到过，早在1世纪，科鲁美拉就在其卷帙浩繁的农事专著《农业论》中提出过如何选择优质畜养牛的若干标准和条件，后来又有大量农学作者在此基础上做出了自己的诠释，细化如何挑选出具有韧性、忠顺、活力等素质，而且较可能强健长寿的牛只。比如14世纪初的皮埃尔·德·克累森兹，他的作品并不能严格地归类为动物图鉴，而是一套关于农村生活的通识著作，书中内容主要都是借鉴罗马时期作者们的作品，但在14～16世纪风行一时，在社会上取得了轰动效应。他在这本《田园考》中是这样介绍适于投资的耕牛的标准条件的：

> 牛属之质优者，当望其四肢敦厚，棱角分明，耳廓方大，额头宽广，皮毛以略卷曲为上，墨瞳皂吻，鼻孔阔而

◀ 动物图鉴中出现的牛类

在拉丁文动物图鉴的惯用体例中，通常会把公牛（taurus）与普通的牛（bos 或 bubalus）分成两个独立的章节描述。有时还会增加另外一个专门介绍原牛（bonasus）的章节。在中世纪细密画中，可以看出绘者们也在努力将公牛和普通的牛区分开来：可以通过强调勇伟的雄性特征和浓厚鬃毛辨认出来的是公牛，普通的牛则有相对更长的角。

拉丁文动物图鉴图页，1250～1260年左右摹绘并印制于英格兰，巴黎，法国国家图书馆，拉丁文书卷3630，对开83页背面

左侧边栏：从动物图鉴 到百科全书 Des bestiaires aux encyclopédies

四张，前胸丰厚，可坠于膝头，腿应健壮紧实，蹄不宜大，尾以修长毛盛为佳。特令有犄角弯若新月者断不可取。胴体需修而健满，皮毛宜浓厚致密，以全赤红无杂色为上品，微混有白毛者次之。(《田园考》第6章)

以上的这些评述在我们今天看上去似乎还是比较靠谱的，但是另有一些著述者们就有点笔风清奇了，叙述荒诞离奇，而且内容的来源则通常是古典时期的资料。在这些书中，被借鉴最多的还并不是普林尼，而是活跃在2～3世纪之交，用希腊文写作的罗马散文家埃里亚努斯，他曾不加挑剔地编撰了两大本关于各种动物逸事的集子：《动物异史》及《论动物之本性》，内容未免良莠参半。而那些动物图鉴作者更是依据着这些作品中的只言片语，添油加醋，肆意发挥。比如有的书中言之凿凿地说牛是可以预测天气的，当他们预感到暴风雨即将来临时就会拒绝离开自己的牛栏，趴卧在地上，怎么生拉硬拽也不起身，更有甚者，它们往往会被雷雨吓破胆，引发"肠道如洪水决堤般的腹泻"。更离谱的是，如果暴风雨持续下去，收集起足够量的这种排泄物，在里面加上捣碎的鹿茸、牛奶、金丝桃和蟾酥，就能做成针对毒蛇咬伤有神效的药膏。还有一种奇说，认为牛在拉车推磨这类的体力劳作中，必须安排稳定的合作伙伴，如果习惯了某个拍档而临时更换，它甚至会罢工，犯起牛脾气，

10月，秋耕之月

在中世纪的西方农历中，10月有时被称作酒月，有时也被称作是耕作月或更具体的冬小麦播种月。犁耕是通用的农事象征，以至于在很长一段时间里，犁耕（labourer）和工作（travailler）都被引申为同义词。牛作为这两个词的义项主体，它在犁地的时候（或至少拉着耒耜的时候，到18世纪这种古老的农具最终被各种深耕犁具取代）也就可以理解为是在工作。

14世纪早期，细密画，贝济耶的爱慕格（Ermengaud de Béziers）《爱的教祷》手稿，埃斯科里亚尔圣洛伦索皇家修道院图书馆，手稿S.I.3，第59对开页只有一种方法能使其重新温顺起来，就是拉来一匹母驴或母骡子跟它一起上工。在他们的记录中，牛似乎对于这两种同样习惯于辛苦劳作的雌性动物有着特殊的共情关系，母骡子通常比公骡子更为强健，母驴也通常比公驴更加忠顺。

水牛、母牛和公牛

有些动物图鉴的作者对于"原牛"是有一定了解的。他们写道：在"日耳曼"能够见到野牛，其秉性刚烈者不可驾驭驯化，其刚劲有力者可连根倒拔树木，其残暴勇悍者临千百甲士亦猛冲陷阵。其角阔大，若有大君在军帐席间擎此角豪饮烈酒，

▶ **中世纪动物绘卷中的伯纳孔**

旧石器时代的艺术作品中，原牛和水牛的形象之间是有着明确分野的。但在中世纪的细密画中，它们却时常混淆，在这种模棱两可中衍生出了与二者截然不同的另外一种魔幻生物，在当时的动物绘卷中出现，被称作"伯纳孔"（bonnacon）。它长着形态与水牛相类似的角，但后弯的曲度则过分盘根错节，以至于当被猎人攻击时，根本无法用来保护自己。于是伯纳孔就被赋予了另一种远没有那么体面的自卫能力：它会扭过身来，向攻击者喷射出一大股气味刺鼻、沾身即燃的排泄物。

《索尔兹伯里动物绘卷》，年代约为1230～1240年，伦敦，大英图书馆，哈雷手卷4751号，第11页

N asia animal nascit̃ q̃d bonnacon dicimr̃. cui taurinũ ca
put. ac deinceps corpus omne tamũ iuba equina. Cornuã
aũtẽ multiplici ita flexu in se reuẽtia uc si q̃s in eo offendat
si uulnerẽ. t̃ q̃cq̃d p̃sidiũ monstro illi frons negat. aluuĩ suf
ficit. Nam cũ infugã uertit pluuiã cũ uentris fumũ egerit p
longuidinẽ triũ iugerũ cui ardor q̃cq̃d attigerit adurit. Ita ẽtñe
noxia submouet insequentes.

Simie.

则可保其强健延年。在波鲁西亚地（今波兰与立陶宛）可见这种野牛的支属，名为"伯纳孔"，其头身形似牤牛，庞大如山，背有驼峰，鬃毛似马，在颇具威慑的力量与十足的爆发力之外，它看似笨重的身躯还拥有着惊人的速度。这种牛虽然同样有着巨大的犄角，但由于向后内卷弯转的角度过大，无法以之自卫。于是，它采用了另外一种武器：当遭遇天敌追捕时，它会在身后甩下"一大堆燃烧着的、刺鼻的粪便"，其恶臭让人无法承受，若不慎接触会对眼睛和皮肤产生严重危害。这种粪便既然能够燃烧，就难免会引起火灾，而且由于会不断复燃，增加了灭火的难度。我们不难在这种原牛形象中辨认出其原型可能是被夸张到变形的欧洲水牛，这种水牛在亚里士多德和普林尼的著述中都有涉及，而且直到近世晚期还能在波兰和波罗的海沿岸诸国见到它们的踪迹。

　　动物图鉴中，在描述了普通的畜养牛后，接下来往往会提到母牛，但所用的笔墨则更加节省。比较值得注意的是，母牛也是具备预测天气的特殊才能的，比如有记载称，若一头母牛翘三次尾巴，那就意味着冰雹即将降临，若连续哞哞叫了四次，往往证明暴风雨正在途中，若在秋天来临时诞下两头牛犊，预示着这个冬天将多雨，若仅生下一头，则预示着冬天很短且温暖。书中还提到，母牛与母马都很贪恋交配，对于雄性往往热烈而主动，甚至据说母牛能在四里以外就听到公牛的呼唤。但是牛类的交配往往是短暂而残暴的，书中写道"母牛无法承受交媾之苦，待获取雄阳后即速速逃离其身畔"。

　　并非所有的动物图鉴都会提到牛的交配，有的甚至对公牛只字不提，也有的将公牛单列一章，且将其归类为野生动物。公牛的受精能力在农畜中可谓无出其右，坊间盛传公牛的热血有毒，且很快凝固，但家养畜牛的血液没那么容易凝固，这种源自血液中的狂热性格导致难以被人类驯化。一些作者还提出了五花八门的驯服公牛的方法，其中最令人喷饭的"偏方"是将公牛绑到无花果树上，据说这种树性寒，可以吸干公牛的怒火和精力。但最简单的方法莫过于阉割，特别是在其幼年时阉割更富奇效，如此能使其逐渐成长为一头平和、忠诚的家养畜牛。若将公牛的睾丸晒干碾碎，浸入蜂蜜水中腌渍，就会制成一种"神药"，气味难闻但据说对于男性重振雄风有着奇效。

　　这班作者对于动物间的浪漫关系有着特殊的兴趣，比如一本15世纪托斯卡纳的动物图鉴中记录着"这些公牛在争夺牝犊时的争斗与在比武大会上以武力和血腥吸引女士目光的骑士们并无二致"，此后的记述中几乎一字不差地照抄了埃里亚努斯的春秋文句"争宠的公牛们抵额挂角，以性命相搏，纠缠不已，力尽方休，败者不免忍气吞声离群索居，从此终生不得与异性交欢"。这种对于交配激情的扬抑之词从某种方面表现了动物图鉴类作者对于公牛的普遍态度，他们心中仍纠结于公牛

动物图鉴中的牛

在中世纪细密画中，长角不是辨识出家牛的唯一特征，有时还可以通过看它鼻子上是否戴有鼻环，牛主人用拴牛绳穿在鼻环上，引导它向指定的方向行进，这是一种驯服的表达，所以在表现公牛时就基本不可能缀以鼻环。而图像中的家猪有时也会戴鼻环，但这只是为了防止它用鼻子拱地。

拉丁文动物图鉴图页，1230年左右摹绘并印制于英格兰，伦敦，大英图书馆，哈雷书卷4751，对开35页

作为恶魔属灵的过往，因此对其抱有深深的成见，并赋予它相对负面的象征意义，通常用来戒谕人们切不可堕落于肉体的欢愉，只有持节者方能获得幸福生活和人生智慧，最终复归乐园。总之，到了中世纪，公牛再也不像古典时代异教世界中那样受人崇拜与赞颂，而成为了堕落与邪恶的典型代表。但由于其邪教形象的余威犹在，人们还是选择尽可能避免提到这种动物。

关于牛的实用知识和词典条目

经过了对牻牛缄口不言的一段漫长时期，到了近代，它们的身影重新在一批动物学专著中活跃起来。如康拉德·格斯纳与乌利塞·阿尔德罗万迪在16世纪编纂的那些总汇文献中就用大量篇幅就牻牛进行了论述，远比动物图鉴中的记载更为翔实，特别是对其与两种上古原牛（auroch 和 bonasus）之间的亲缘关系进行了深入的寻根溯源。就前者（auroch/urus/aurox）而言其亲缘关系似乎显而易见，它们就是一种野生的牻牛，仅见于普鲁士和波兰腹地马佐维亚的森林中；而对于后者（bonasus）来说则直到近代晚期都无法完全明确判断。直到19世纪上半叶，博物学家们将原牛（Bos）与水牛（Bison）进行了明确区分后，

配有农村生活绘图的农事历

中世纪的资料中为我们留下了大量表现一年四季农村生活各种活动的绘画、雕刻、刺绣、编织和雕刻图像。与田间农事相关的图像中，播种的场面是最多的，而描绘犁地场面的相对罕见，有时插放在春季历页上，有时插在秋季历页上。

皮埃尔·德·克累森兹，《乡村农事指南》，巴黎米歇尔·勒努瓦遗孀收藏，1521年，第90对开页，巴黎，法国国家图书馆，孤本书收藏部

前者仍被称为原牛，而后者则被归为欧洲水牛；但这两种动物仍是表亲关系，同被归为牛属或牛亚属。

从这段时间开始，一批专门深入研究旧制度下被称作"田间劳作学"的农业经济著作涌现出来，在这些作品中，我们可以找到更多关于牝牛和牛类的讨论，不过这些描述与以往有着本质的不同，不再是逸史、怪谈或神迹描述，不再谈论海神的坐骑或大力神的宿敌，不再谈论遥远而神秘的东方信仰中能言善道、舌灿莲花、受万众香火的圣牛，也不再谈论将生殖器加工后能做成有着祛魅辟邪、壮阳长生神效的药膏的怪兽，取而代之的是各种豢养畜牛的实用知识，包括如何饲养、如何照料、如何放血，如何驱虫、如何预防瘟病、如何高效配种、如何极限延长生育期、如何驯服任性暴躁的牛只等等，还有一些篇章专门介绍针对不同基础条件的牛犊进行科学阉割的多种方法，使其自动成长为家养牛。

这些知识普遍属于实用技术类，并不总是以学术典籍的面目出现，基本从未被词典或百科之类的文献收录为词条，但其在实践中的指导作用则远远超过单纯记述的价值。到了18世纪，辞典的体例不再仅局限于对"词汇"的索引与诠释，而有限地扩展到每个被收纳的词中所对应的"事物"全貌，但即使在此类辞典中，技术类的论述也仅是三言两语，因为还需要囊括进与词条相关的古典时代寓言及中世纪奇谈俗谚，总需要给它们留出相当的篇幅。这里给读者们摘录安托万·福雷蒂埃编制的《法文统合词典》中的"公牛"（Taureau）词条，以资孔见：

牡牛/公牛，四足兽，声如风啸，若洪钟，额上有角，蹄分为偶，牝者称为 vache。毛色多为红黑，项胸硕大，貌狰狞凶恶，额坚似岩铁。其阉割后统称 bœuf，初生之犊名为 veau，长成后方称为 taureau。家养畜牛与野生牡牛品性迥异，野生者性暴不近人，多散生驰骋于森林、平原地带，所居处多为人迹罕至区域。人类畜养牡牛主要单纯出于延续物种之动机，其肉不适饮食，形象不堪大用，不事劳力……西班牙有奔牛节及斗牛运动传统，在波斯也存在着类似的活动，塔维涅在他的著作中还做过饶有兴味的描写。法拉里斯牛（Le taureau de Phalaris）：一种刑具，形如公牛，熟铜铸造，将罪人困于其中，以火焙烧之，至煎熬而死。公牛之血（Le sang de taureau）：刚刚宰杀公牛的血液，常被用作毒药，不可饮服，因其速板结于食道之中，阻塞运化，人即速死……

官税种牛：为封建领主所畜养之公牛，有权征召其所辖领地内所有母牛与之进行交配育种。

比起四年之后出版的更加简单直白的法兰西学院版大辞典词条："Taureau：有角兽，其阴性为vache"，福雷蒂埃版辞典中的公牛词条真可谓言简意赅却得其大要了，从这词条的短短几句注解中，敏感的历史学家们可以发掘出一系列引人入胜的切入点，进入另一个值得探索的宝库。比如，我们可以了解到希罗多德与索福克勒斯在公元前5世纪起提及的"牛血有毒假说"到了近代仍然属于主流认知，同时我们也能了解到在17世纪末，奔牛节与斗牛运动已经在西班牙出现，并且具有一定的影响力，乃至于已经进入了法国人的日常知识范畴。但新的课题就此被挖掘出来：当时的"斗牛"（combats de taureaux）用的是复数，说到底是如斗鸡、斗狗那样纯属两头牛之间无人力介入的争斗，还是几世纪后风靡起来的由斗牛士担任主角的"现代斗牛运动"的前身呢？像这种问题值得进一步探索，但由于福雷蒂埃惜字如金，我们无法在他的著作中得到更权威的答案。在主词条后，还把"官税种牛"（taureau banal）提升为紧随其后的独立词条，这个历史概念在路易十四统治时期仍然广泛存在，且在法国乡村经济中占据着重要的地位，因此配得上专用一个主词条来解释。这个词条可谓封建法律风貌的活化石：在当时大部分农村地区，农户们不能随意组织其母牛的繁殖和交配，只能邀请当地封建领主指定的公牛去为其提供"配种服务"，而且要缴纳一笔与该强制性服务相匹配的税金。在某些情况下母猪也适用同样的法令：当农户的母猪（几乎是常态化的）发情时，只有在地领主饲养的公猪才能与之交配，并从中获取收益。在法国古典法律体系中，这种法定权利称为"官租"（tor et sus），规定农民强制使用领主专设的烤架、压榨机、锻造机以及磨坊，且使用时必须缴纳相应税金，这种"自古以来"的封建世袭权利成为了 1789 年陈情书（cahiers de doléances）中强烈要求废除的核心焦点特权之一。

启蒙时代的公牛形象

这个"官税种牛"的概念在一个世纪以后的《百科全书》中仍然可以找到。法国的"百科全书"是个专有名词，也通称为"狄德罗与达朗贝尔的百科全书"，可说是世界历史上一个恢宏而浩繁的文艺事业，从其全名就可以看出其编撰的野心：《由一个顶尖学者集团联合编撰的百科全书，或科学、艺术和手工艺分类辞典》。这套作品的根本意旨并不在于为当时社会的知识整体水平做一个全貌式的汇总，而是更进一步对各种知识进行分类和科目化，凸显出"在真理之光下看清了来路"的人类推动灵魂不断探索与进步的价值，并对那些被他们称为"仅在迷信的世界中成立的规律"等当时认为已经落伍的所谓"常识"

进行了无情抨击。可想而知，这个伟大的编撰工程在过程中遇到了来自方方面面（包括执笔团队、经济约束、法律限制等）形形色色的干扰，更是引发了以耶稣会集团为代表的保守主义者们强烈的敌意。1751年，这套著作的第一卷横空出世，最后成书的第十七卷面世于1765年，在此之后还零零散散地发现了十一卷做成雕版的未发行书稿，到1772年才彻底告一段落。在《百科全书》中，公牛是没有资格在"主集"中独立成篇的，只作为多部篇章间交叉引用的内容出现，要想了解百科全书派的精英们对于公牛的看法，就需要去在"牛"（bœuf）和"牝牛"（vache）两篇中做一些深入的挖掘，好在这两篇篇幅足够，著述也非常翔实，在农业经济和畜牧技术领域还非常有实用性与启发性，但这对于我们这些自然史学者就没有那么强的挖掘价值了。虽然公牛没有被正面提及姓名，但其身影却不可避免地散布在其他各条目的独立专篇中进行客串，如神话、天文、法律、宗教、美术、医学、海军、军备、畜牧、皮革和屠宰等章节中，处处可见，如果做个纯词频统计的话，在17卷正本《百科全书》中，"牛"出现在8卷中，"牝牛"仅出现在6卷中，而"公牛"整整出现在11卷中。

不过那些比较希望从动物学角度了解更多知识的读者无法在这套书中得到满足。我会给他们推荐参阅另一部与百科全书派多少有点对立关系的皇皇巨著：布封编著的《自然史》，这部作品得到了官方的支持，没有因为政治审查而随时遭受灭顶之灾之虞。但在《自然史》中，牯牛这一种类也没有得到独立成章的待遇，与牛和牝牛一起被合并在1753年出版的第4卷中题为"牛"的一章中论述，除了牛以外，第4卷还包括马、驴、绵羊、山羊、猪等动物。

读这篇主要关于家牛的观察文献时，我们会明显感受到布封对于母牛的感情是非常独特的，他通篇强调母牛既温厚又亲人，而且具有多种功能，为人类提供多样的价值，比较起来，其他种类的牛明显就没有得到如此直白而热情的歌颂。与先前的前辈作者们比起来，本书没有什么令人耳目一新的创见，但却强调指出了不同毛色所对应的特质，比如说最常见的家养牛是棕红色皮毛的，火红色的是最为难得的优良品种，枣红色的往往长寿，黑色皮毛的多个头矮小，棕黄色皮毛的随着年齿增

▶ **牛的屠宰**

在那个年代，屠夫是一个有钱有势的行业，几乎每个教堂装饰用的彩色玻璃总有几块是他们捐赠的，当然免不了要在其上描绘并赞颂金主们的日常生计。在这块彩色玻璃绘图上，我们看到这位屠夫正准备宰杀一头牛，请注意牛的眼睛是被红色眼罩蒙住的，这是很值得研究的一种行为模式。旁边有只狗目视着一切，可能是准备在屠宰后叼走几块肉，而一只被开膛破肚的猪已经被挂在了钩子上。

后殿窗彩色玻璃图样，沙特尔，圣母大教堂，约1215～1220年

长精力会明显减退，至于白色、灰色或斑驳毛色的牛，则"在农事上毫无用处，只能育膘"。令人比较难以理解是当他真正写到牦牛（在他这里应该较明确地指"野牛"）的时候，他那支在同时代文豪中被公认的如椽巨笔竟肉眼可见地暴露出了些许偏狭的姿态，甚至可以说笔锋有点恶毒。在道本顿汇编的大量自然主义描述的素材基础上，布封毫无来由地在牦牛身上赋予了极端负面的品性特征，这种情绪化的书写方法在中世纪时期常有，但在启蒙时代已经极为少见了。至于他这样做的动机为何，我们无从知晓，或许仅仅是因为在为这种动物归类时遇到了某种尴尬的处境，毕竟这牦牛既不能算作家畜，也不完全是野生的。就像《圣经》一样，伟大的博物学家总是对于难以分类——或至少是很难归入他自己分类体系中的任何一类——的动物都带有强烈的偏见。

野牛几乎没有任何面部表情：当我们直视它的脸时，能分辨出的只有宽大而突出的前额和大嘴叉厚嘴唇。这种动物没有什么可以明辨其情绪的特征，无法看出其对于外部环境刺激有什么细腻复杂的反馈，目之所及的只是一团初具形状的愚蠢面容，无论心情有何变化，举止确是一贯的粗野笨重。[……]当它摆头时，或能看到其眼睛偶然发光，但五官便就此挤在一起、扭成一团，刚好突出整张面孔中最凶恶的部分，所以说这种动物只有两种情绪：愚蠢和暴戾，二者常可以无缝衔接。(《自然史》第4卷)

7 纹章与符号中的隐喻

◀ **4月与金牛座**

金牛座星系是由无数星体构成的，要问起星名可以拉出很长一个清单，但人们很早就公认这些星排列形成的是一头斗牛的形状，许多神话都由此产生，绝大多数都与爱神维纳斯有关。在意大利费拉拉市斯齐法诺亚宫月鉴房陈设的12月星座壁画中，女神的形象被绘制在公牛所在的4月图样的上方，主宰着春季到来时爱的萌发。

四月（细部），弗朗切斯科·德尔·科萨壁画作品，约完成于1468～1472年间，费拉拉，斯齐法诺亚宫，月鉴房

文艺复兴之初，公牛恢复了昔日的威望。人们对于古代典籍，尤其是对其中涉及历史与神话的部分重新产生了兴趣，这使在基督教打压下已沉睡近千年的公牛重新惊坐而起。荷马、维吉尔、奥维德以及其他许多希腊和拉丁作家的作品焕发新生，重印、新译的版本不断问世，平装版的书籍在民间广为流传，艺术家们也乐于将这些充满戏剧性的情节搬上舞台。宙斯与美丽伊娥的爱情、欧罗巴的诱拐、克里特的大公牛、帕西淮、牛头怪兽米诺陶洛斯的故事，还有忒修斯、赫拉克勒斯、伊阿宋等英雄们斗杀巨牛的英雄传说，都是在这一番文艺浪潮之中得到了全新的演绎，深入渗透到当时人们的日常生活中。阿尔戈英雄远征科尔基斯的传奇启发了15世纪开始的多次十字军东征计划，勃艮第公爵"好人"菲利普三世甚至基于这个故事建立了自己的"金羊毛骑士团"，事实证明这个命名非常成功，骑士团的声誉迅速盖过了当时绝大多数的老一辈骑士团。

古典时期公牛传说的复兴

人文主义的欧洲在文学、艺术的各个领域都在重新构建对于古典话语体系下公牛形象的认识以及与其相关的神话诠释。在这个过程中，公牛在动物界中的地位焕然一新。一时间，不仅在绘画、雕塑、浮雕等传统艺术门类中频频作为主角出现，而且在一类刚刚崭露头角的印刷品类中获得了举足轻重的一席之地，那就是纹章图典与符号诠经。这时候的公牛不仅作为属兽配角依附于几位神祇而得名（需要提一句的是在文艺复兴时期古希腊的神祇都开始使用其罗马版本的名字，比如宙斯——朱庇特，波塞冬——尼普顿，阿瑞斯——玛尔斯，狄奥尼索斯——巴克斯，阿佛洛狄忒——维纳斯，阿尔忒弥斯——黛安娜，赫拉克勒斯——海格力斯等），它甚至作为黄道十二宫中一个星座的代表以其独有的神秘力量受到人们的追捧与崇敬。这些变化都有助于公牛象征意象的转换，使其一举摆脱了曾强加于其上的恶魔造物、路西法化身与敌基督的恶名，逐渐夺回了古典时代久违的人气。在全新的时代，公牛再度与丰饶繁荣、生育能力、无匹的力量联系在一起，为战士赋予勇猛，为执政者赋予权柄。

三十年河东，三十年河西，公牛形象下降，畜养牛的地位随之一落千丈，笨重迟缓使人直接联想起粗野与愚钝，以往坚忍、勤劳与忠顺的美德逐渐被懒惰、麻木甚至愚蠢的弱点取代。18世纪开始，法语中形容词"bovin"开始出现了一种新的引申义，指称一种阴沉呆滞、顽钝被动的性情或笨拙愚氓的行为，到了19世纪这一新含义已经在民间得到了广泛使用。而在德语中也有与之相对应的"rindig"一词，来源于"Rind"（牛），用来形容与牛有关的各种特征与价值，与"bovin"在法文中的指代基本一样。以往那勇敢善良的忠牛形象到此时已成为明日黄花，现在的它只被视作冷漠和鲁钝的蠢物。维吉尔的《农事诗·田间劳作诗咏选》可能是古典时代拉丁文学中最具美学价值的作品了，他用铺满青草、鲜花香气的字句表达出了其对于耕民们憩于树影之下，悠然听牛慢吟的田园牧歌式生活的向往和艳羡："Mugitusque boum, mollesque sub arbore somni..."（《农事诗》第2章，470页）

我们把目光暂时聚焦在16世纪前后，这段时期的古迹发掘工作如雨后春笋般地出土了一个又一个将牛视作神祇崇拜的古典社会祭仪场景，而此时的考古学得益于对牛类的语言学与符号学含义的研究成果，在诠释和历史验证的工作中取得了长足的进展。约在1540年，罗马发掘出一块奥古斯都统治时期的巨大的石雕，主要图案就是一头雄壮英伟的公牛，并附有"COPIA"（丰饶）的字样，这说明在该时代，公牛应该就是繁荣与丰饶公

▶ **法尔奈斯的公牛**

一组由整块大理石塑造而成的立体雕塑，高逾5米，重24吨，堪称古代最辉煌宏伟的里程碑式艺术作品之一。最初可能来自罗德岛，但却是于1546年在罗马卡拉卡拉浴场附近遗迹中出土面世。雕塑展现的是底比斯的狠辣王后狄耳刻所得的报应，她被捆在一头象征着复仇与公正的狂暴公牛足尾之上拖曳致死。

大理石雕，约公元前200年，那不勒斯，国家考古博物馆

认权威的象征。几年后，在罗马卡拉卡拉浴场附近出土了近代考古学最伟大的成就之一：名满世界的法尔奈斯公牛。该次考古发掘的赞助人，也是痴迷于古董的时任教皇保罗三世，他不由分说地将其纳入了个人收藏。这是一组由整块大理石塑造而成的立体雕塑，高逾5米，重24吨，最早可能供奉于罗德岛，在公元前1世纪左右被移运到罗马，堪称古代最辉煌宏伟的里程碑式艺术作品之一。其主题呈现了底比斯的狄耳刻王后被其宿敌安提俄佩的儿子们绑缚在一头疯狂的公牛身上，即将被拖成碎片的戏剧化场景，另有一个姑娘、一个孩子与一只狗在近旁观看。我们可以看出在这个故事中，公牛象征着仇雠、报应与正义：狄耳刻是底比斯暴君吕科斯的王后，生性妒狠，对老王的侄女安提俄佩受到主神宙斯的宠幸诞下双胞胎之事怀恨于心，令其遭受百般折磨，最终她的两个半神孩子前来为母亲报仇，解除了这些苦难。狄耳刻与安提俄佩的传说成为了提香、科雷乔、华托、安格尔等许多传奇艺术家灵感的源泉，继承着来自赫库兰尼姆和庞贝时期前辈的火种，以此为主题诞生了大量雕塑与绘画的传世名作。

波吉亚家族的纹章

尽管教皇保罗三世（1534～1549年在位）赞助发掘的法尔

奈斯公牛像在他的名望下声名大噪，但同样是在16世纪，对于重整公牛往昔辉煌的功业贡献最多的并不是他，而是恶名昭著的教皇亚历山大六世，被当代人称为"与恶魔签订了契约"的罗德里戈·德·波吉亚（1492～1503年在位），他的罪状包括但不限于败德、佞神、欺世盗名、聚敛无厌、买卖圣职、任人唯亲、放荡不羁，可能还有乱伦和谋杀重罪。与他同时期的圣职者，威尼斯牧首托马索·多纳（Tommaso Dona）甚至说，在他的纹章上，用山羊或狼代替公牛会更合适（这顺便能够证明，在16世纪初，公牛已不再被视为恶魔的属灵了）。

虽然背负着种种罪名，但不得不说亚历山大六世是位头脑灵光且有教养的人，他热情招揽艺术界和文学界的人才，做赞助人时出手慷慨，做政治家时心思缜密。尽管的确是过着挥霍无度、放荡不羁的生活，但这本是在他那个时代的王公贵胄们习以为常的基本社会风气，如果他不是神职人员的话，说不定对他的攻击就不会像如今这般气势汹汹了。他的叔父兼养父加里斯都三世（1455～1458年间的教皇）带他进入教会大门，25岁担任红衣主教，次年担任罗马教会副主教，服侍了先后四任教皇，并以此为基础织密了自己在圈子里的庞大关系网，以至于到了1492年，在没有任何一票反对的情况下，他最终坐上了圣彼得大教堂的教皇王座。

亚历山大六世出身于波吉亚家族，这个家族的族徽中世世

教皇亚历山大六世的纹章盾徽

从13世纪末~14世纪初，波吉亚家族的族徽纹章中都有一头公牛，后来成为教皇亚历山大六世的罗德里戈·德·波吉亚当然也不例外，而且我们可以发现他不仅在教皇官邸内外，甚至在罗马很多的教堂中都毫不吝啬地加入了公牛的图样，由此我们可以推测他还是很以此为荣的。

罗马，马杰奥尔圣母大教堂，中殿通廊顶棚

代代都有公牛的图样，包括他的叔父教皇加里斯都三世也不例外。纹章图案的构成可以是金色的公牛头朝向锈绿色的田地，在图案的边缘用同样的锈绿色勾勒出八团炽烈的火焰。这火焰的元素是加里斯都三世最近新增入盾纹的，旨在纪念传说中记载的随同阿拉贡国王"征服者"海梅一世，征讨萨拉森人控制下的瓦朗斯王国，于1238年英勇献身沙场的八位波吉亚出身的骑士。这本应象征着基督教炽烈信仰的八团烈火，颜色却设计为绿色（铜锈色），这的确有点奇怪，波吉亚家族的宿敌们往往揪住这一点作为口诛笔伐的对象，一口咬定他们家族违规使用炼金术，而且是一种非常邪恶的炼金术，可以将红色的火焰显

波吉亚家族纹徽

教皇亚历山大六世在他罗马寓所中的每个房间里都绘制了他的专属纹徽，每幅类似的作品都是围绕着他家族的精神象征——公牛创作的。在标准图形之外，他还寻能匠为他刻画了各种关于公牛的神话故事桥段，比如神秘的阿庇斯崇拜、宙斯与伊娥的浪漫故事以及诱拐欧罗巴的情节。

梵蒂冈城，使徒宫，波吉亚寓所，预言家与先知之厅

出绿色。这点也可以巩固后世对于亚历山大六世致力于与土耳其缔结联盟协约，客观上促进了伊斯兰世界在地中海沿岸区域扩散的印象。实际上，在加里斯都三世看来，这种绿色的火焰或许正是为了要纪念战胜穆斯林的伟大功绩，当然也有可能是我们想太多了，这只象征着一种单纯的期望。

抛开这种不寻常的颜色不谈，让我们来谈谈关于公牛的形象。即使在波吉亚家族的发源地阿拉贡王国，公牛也不是一种很常见的纹章图案。波吉亚家族始见于历史记载是从13世纪，得名于西班牙小镇博尔哈（Borja），于15世纪离开了西班牙并定居在那不勒斯王国的阿拉贡地区，其族名也逐渐意大利化变成了波吉亚。至于他们采用公牛作为纹章图案的来由，据加里斯都三世身边的御用文人们解释说这简直就是不言自明的：波吉亚（Borgia）名字的前身是博尔哈（Borja），而这个小镇名称的词源则是拉丁语"boarius"，这个词用作名词时指"小公牛"，用作形容词时则代表"关于牛的一切性质"。但，就我们今天掌握的词源学知识来讲，将Borja和boarius联系在一起的说法实在是有点太牵强了，科学的严谨性要求我们必须承认现在还无法回答波吉亚家族从何时开始使用公牛作为其族徽及其背后的原因，但15世纪时或许还没有那么严谨。如著名的纹章研究者唐纳德·林赛·加尔布雷特（Donald Lindsay Galbreath）早在1950年就指出的那样：历史文件中的所有记述都是有待商榷的，不可轻信。

　　但对我们来说这并不是重点，我们更为关心的是亚历山大六世对于其纹章所投入的罕见的热情，这才是我们在历史文献中探求出的重要素材。在罗马，他有点偏执地将公牛的形象绘在任何肉眼可见的位置，尤其是在他的教皇寓所中。这些公牛绝大多数时候都是乖乖站在纹章框中，有时采用放牧时食草的体态，也有时跳出纹章的界限融入其他具体的故事场景中。丰富的神话故事素材赋予了教皇身边以有"色彩魔法师"之称的平图里基奥为代表的杰出艺术家们广阔的创造空间，对于每一个主题都可以进行两个层面的发挥演绎，比如我们可能看到的是诱拐欧罗巴的公牛、与伊娥缠绵的公牛、与海格力斯角斗的公牛，它们既是古典传说中的主角，同时也代表着波吉亚教皇家族的神秘化身。或许是在教廷学者们的影响下，我们的亚历山大六世教皇对古埃及的牛神有着某种特别的感情，以至于将自宗的一神信仰与埃及的图腾信仰在多个作品中混为一谈。公牛对他的影响还表现在另外一个方面，那就是他在罗马举办的多种牛类竞技和与公牛有关的演出活动，这些活动与古代的祭祀仪式传统有着很多相似之处，或许里面还掺杂了一些他西班牙老家带来的独特小众风俗。于是这位饱受批评的教皇亚历山大六世，就被授予了另外一个特质，即现代斗牛运动的创造者或改革者，这项运动距离最终成形只有一步之遥了！我们在本书的最后一章可以看到，很多专门研究斗牛运动的历史学家已经非常鲁莽地替我们把这一步迈了过去。

公牛纹徽

虽然说以公牛作为纹徽图案的例子不多，但要说是凤毛麟角也不尽然，只不过不容易将其从普通家牛（甚至包括奶牛，虽说有时奶牛会表现出奶头以资分辨）中明确地进行分辨，所以从统计学角度上去考察的话，我们只好泛泛地将牛属作为统一的整体进行讨论。从它们在纹章图案中出现的频率看，中世纪时期约略低于1%，而到了近现代则稍高于1%，在所有家畜中略低于绵羊出现的频率，但高于山羊和猪类。从形态来看呈现出的状态也是多种多样的，体现完整全身的，像波吉亚族徽

▶ **纹章中的正面牛头像**

无论是在中世纪还是较近的时代，公牛的形象在纹章学系统中都不很常见。而当它在盾徽上呈现的时候，相比整头牛的完整形象，更多见的是聚焦在牛头上的正面特写的图像。我们将之称为"正面牛头纹饰"，比如巴伐利亚豪门桑迪泽尔家族的族徽就是典型一例。

施博勒纹章图鉴，巴伐利亚族徽摹绘作品，约1460～1480年，慕尼黑，巴伐利亚州立图书馆，符号学类目，312C，对开页223

中的属于行进态（水平）、食草态（水平，头部朝向地平线）、激怒态（两后脚着地，鼻吻部前冲），当然也有仅体现头部的，往往是近距离正面特写，这种情况我们称为"正面牛头纹饰"。梅克伦堡帝国大公们长期佩戴绘有正面黑牛头纹饰的金盾，我们在今天德国梅克伦堡-西波美拉尼亚州的纹徽上见到的仍然是同样的图案搭配。与此相似的是瑞士的乌里州，自13世纪以来这里使用的盾徽与州旗都是金色缀以正面黑牛头纹饰，这些牛的特征很统一，都生着卷毛刘海并伸出血红的舌头，与牛头的漆黑色反差极大。法国皇室贵胄中其他的高门巨族也有几个在纹徽中使用牛属图案的，比如贝阿恩伯爵家族（金色盾徽上水平并排绘制两头母牛，颈项圈和犄角都配以乍眼的天蓝色）和摩尔多瓦亲王家族（红色条幅盾徽上绘有金色正面野牛头纹饰，两角正中配以金色太阳点缀）。

▶ **纹章挂毯**

这幅现已遗失的水彩挂毯画是1690年左右路易·布丹（Louis Boudan）为学者及"古董收藏家"弗朗索瓦·豪日·德·盖涅（François Roger de Gaignières）绘制的。尽管图案中出现了家族盾徽以及大量的纹章和铭文，但我们通过这些信息仍无法辨明首位主人（抑或是一对夫妇）的真实身份。纹章图案的核心主体是这头充满阳刚之气的公牛，这在近现代的早期英格兰已经不再罕见。

巴黎，法国国家图书馆，版画与摄影，盖涅藏品，Rés. Oa 1777

　　除了盾徽纹章以外，公牛的形象更多地出现在头盔的顶饰上，有时也会独具创意地以半身牛雕像的面貌化身为盔冠，头面部往往采用正面特写，面目清晰略有夸张，牛角尖长突出，旨在对可能的对手起到威慑的作用。但到了这个时代，戴着头盔上战场兵戎相见的机会极为罕见了，这些缀着精美冠饰的头盔往往只能在竞技场或骑士比武的场合才有机会一展风采，再不然就只能在骑士们节日饮宴的时候配上装装样子了。骑士的成套盛装盔饰要包括盔冠、作为盾牌延伸的面甲，以及个人或家族的纹章。在中世纪形形色色的盔冠样式中，以各种动物形象为主要造型的要占去三分之二，绝大多数都是有角动物，比如雄鹿、公绵羊、公山羊、羱羊、麝鹿、独角兽等等，而公牛在其间自然是当仁不让的首选角色。角在这里的功能是显而易见的，所以有时候就干脆省略了动物的形象，学古代传说中的狂战士，直接把锋利的长角接在头盔或面甲上方。据说装上了犄角的骑士们能够得到冠饰中所采用的动物形象的灵魂感召，从而与上天赐予他的自然力量贯通为一。

　　在欧洲，最常用公牛或野牛形象做冠饰的民族主要集中在苏格兰、波兰、匈牙利与瓦拉几亚这些地方。威斯特伐利亚与莱茵河河谷一带声名煊赫的克里维斯伯爵家族（后来晋升为大公世家）拥有史上最著名的牛头冠饰头盔，这个纹徽也是红色打底，缀以正面金角红色牛头纹饰（红色的正面公牛头面，黄色双角），这头公牛对于克里维斯家族以及其远近亲戚都是如同宗族图腾一般的存在，其由来可以追溯到15世纪文献中记载的一个传说，其中记叙了在查理曼统治时期克里维斯的先祖是如何效仿赫拉克勒斯的壮举降伏一头令当地居民闻风丧胆的庞大野牛，并斩下牛头当作战利品加在头盔之上的。这个古老而强大的家族有着丰富的上古王朝遗事典故，其中还风传他们是神秘的天鹅骑士的后裔。

黄道十二星座

下面我们把目光从纹章学移到天文学或占星学领域来研究一下牛的符号含义，要知道在古典时期这两门"科学"向来是合而为一不加区分的。古人们观察星象，研究亮星的位置、移动规律与特征，尝试归纳它们对人类生活节律可能的影响，从中抽纳出重重预兆，并以此进行占卜算卦，这些活动在人类社会中出现的时间远早于我们通常的想象，实际大约从新石器时代就已经开始萌芽了。到了公元前9~公元前8世纪，一部分迦勒底人开始真正醉心于初见系统的天文学研究，他们完成了对主要星座的命名，其中很多名称一直沿用至今。构成星座的星体仿佛在夜空中勾画出了各种各样的动物形象，它们中绝大多

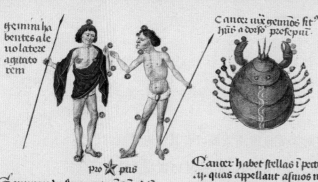

heminika
bentes ale
uo latere
agitato
rem

Cancer uix geminis sit
hui a dorso presepu

Leo int
cancru
z uigme
gsitutus
est iuxta
boetem.

pro ✦ prus

Geminor uñ qui iuxta eandem est hi
stella m capite clara i. in singulis hu
meros singlas claras in dextro cubito i.
in singulis gembz singlas in pedibz sigu
lis singlas · Alt ht m capite i. in ma
mis singulas in sinistro cubito ij. in
manu i. in sinstro genu i. in pedibus
singulas iuxta sinistru pede i. q boca
tur prus · Suma xviij.

Cancer habet stellas i pectore
ij quas appellant asinos int
quas est nubiaila candidi colo
ris quã presepiu uxat in vtros
dextris pedibz iij obsturas in
sinistra pte pede priou ij in
seco ij. in tao i. in qto i. in
dextro cornu iij in sinistro ij.
Suma xvij.

Leo ht stellas i capite ij.
m collo ij. in pectore i. in
spina iij. in cauda media i.
in sumitate caude clara i.
sub pectore ij. in pedibz pouibz
clara i. Sub ventre i. in me
dietate ventris idem in vlibz i.
in posteriou genu i. suma
xbij. videt et alie iuxta cau
dam ei stelle obscure vij.

Taurus orione tangit
qa sub illo est situs

Cepheus inter lyram et cas
siepiam pedibz ad
tga moius vise
porrectis

agitator or
nia tauri
sinstrum
tangit

Auriga uel agitator quē diat euc
tonu ht stella m capite i. in sigulis
humeris singlas fz i sinistro clauore
que appellatur cap in singulis geni
bz singulas in sumitate manus ij. in
sinistra manu ij. q vocantur hedi
Suma ix.

Taurus ht stellas in vtroq
cornu i. in vtroq oculo i. in
naso i. hee v hyades vocant
in ungula iij. in collo ij. in dor
so ij sub ventre i. in pectore i.
Sut et vij stelle athlantides
lr pliades in cauda tauri posite
fz septima obscura est

Cepheus
ht i capite
stellas ij
claras in
dextra manu clara
i. in cubito obscuru
i. in sinistra manu
claram i. in sinistro

humero i.
in balteo iij
obliqs in dex
tra cora i.
in sinistr genu
ij. i sumitate pe
dis i. sup pede
ij Suma
xbij.

Cassepia habet m capite stella
clara i. in singulo humero si
gulas claras in dextra manu
la clara i. in dextro femore
claram i. in sinistro
femore claras ij. in
genu clara
i. in basi selle
qua sedet claras
ij. Suma x.

cassepia int
agitatorem z
pseum i lacto
circailo gsisit

Andromeda habet stella m capite
clara in sigulis humeis singulas
in dextro cubito i. in manu clara i.
in sinistro cubito clara i. in bchio i.
in cnictu iij. sup zona iij
in gembz sin gulis singlas
claras in
dextro
pede ij.
in sinistro
i.

Andromeda
int pisces et
cassepia z aue
te et loxata cu
triangulo

Equus pegasus ht stellas i fane
claras ij. in capite i. in cora i. in
auribz singlas claras in collo iij
in armo i. in pectore i. in vbi
lico claram i. in vtroq
genu i.
in ungulis
singulis
singulas

pegasus supra andromeda ad
aliuim eius caput deorsum
habens

数的名称就是由此得来，至于公牛形象的"金牛座"，早在距今4000年左右就有记载。一个个星座有序地排布在称为"天球"的穹形空间，行星就在这个区域运行，随着认识的进步人们推算出它们在这条"轨道"上周期性绕地球运转的时间规律，这就是"黄道带"的由来。后来，到了5世纪前后，希腊人把黄道带平分为12个长度相等的区间（宫），每个区间都以其最接近的主要星座来命名，人们将之称为"黄道十二星座"。最初，金牛座在十二星座中排名第二，但在儒略历被普遍采用之后，它也就递延成为了排名第三的星座。

到了罗马时代，人们习惯于将金牛座与维纳斯（无论是指女神还是金星）联系在一起，但直到中世纪结束，人类迈进近现代历史的关头，金牛座月份（4月21日～5月20日）出生人群的共同性格特征才正式固定下来。金牛座人通常被认为比较

◀ **星座**

金牛座是最古老的以动物命名的星座之一。在苏美尔人那里它代表着吉尔伽美什降伏的巨型天牛，而在希腊人这里它则代表着诱拐了欧罗巴的公牛，也有比较少见的解释说它是米诺斯王从海神波塞冬那里偷走的公牛，也就是帕西淮乱伦之祸的源头。

兰伯特·德·圣-奥梅尔（Lambert de Saint-Omer）的《鲜花之书》（*Liber floridus*）手稿中的一页，约1450～1470年，尚蒂伊，孔代博物馆藏书室，手稿部724，对开63页背面

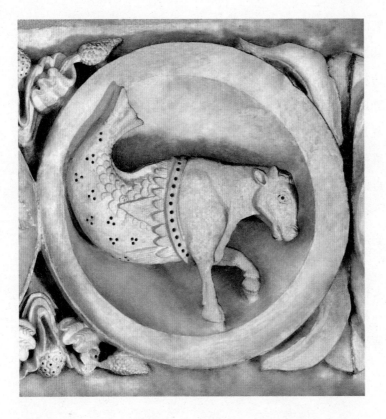

金牛座

在罗马式雕塑中，黄道十二宫通常与每月的农事与年度的周期轮转相关联。在勃艮第的韦泽莱，金牛座的位置横跨4月和5月，在它前面的圆盘浮雕中描绘的是农夫牵山羊放牧的情景。为了能使公牛得以容纳在一个圆形雕盘中，创作者将其与海洋动物连为一体，使其后肢的形状成为鱼尾，这种设计在前面的白羊座中也同样采用过。

韦兹莱，玛丽-玛德莱娜大教堂，主入口拱门的第一道头线，十二生肖，约1125～1130年（经过大量修复）

贪恋世俗物欲以及肉体欢愉，似乎有些贬低之嫌，但他们具有相当坚韧的恒心与强大的意志力，还具有一种与生俱来的神秘威信。此外，在中世纪时期，出生于金牛座后半程，即5月上半月的人被普遍认为会拥有常人难及的幸运，因为这个月是天主教献给圣母玛利亚的"圣母月"，在当时受到极高的推崇。在文艺复兴时期，各种占星学术、百科全书、纹章图鉴都热衷于对事物进行归纳分类，并建立相互对应的链接关系，在这套庞大繁杂的玄学系统中，金牛座分别对应着行星中的金星、金属中的铜、五行中的土、性格中的多血质以及颜色中的红黑相间。

8 乡间母牛

◀ **不断变化形象的母牛**

现在想在农村看到几头母牛已经不像以前那么方便了，但它们却大步踏进了当代艺术的殿堂，成为了新一代的主角。让·杜布菲、安迪·沃霍尔、罗伊·利希滕斯坦以及达米安·赫斯特是其中的先锋力量，但随着波普艺术风潮的来临与奔牛节活动的风靡，以牛为主角的艺术作品成倍增长。

罗伊·利希滕斯坦，三折屏风上画的奶牛，丝网印刷，1974年，私人收藏

公牛在历史的长河中拥有如此丰满充实的象征意义，那么我们当代社会继承了哪些遗产呢？首先当然是这种动物本身。当然，它不再是旧石器时代那令人生畏的作为万牛始祖的原始野牛，更不是在古典时代被顶礼膜拜的尊崇圣牛，被基督教世界视为魔鬼的化身而举阖教之力与之抗衡的邪牛更是已经烟消云散，但它仍然是所有家畜中最重、最令人印象深刻的动物，在我们的日常生活中随处可见。在农场上、田园中，公牛是脾气最为暴躁，也最为喧闹的畜生，尾巴挥动如钢鞭，喘气声如闷雷滚滚，锋利的尖角令人胆寒，雄性器官在所有农村家畜中也最为壮观。自古以来它就是力量与繁殖的象征，以暴戾性情与强悍性能力成为动物界中的杰出代表。尽管时至今日，家畜的人工授精已经普及，但在某些特定情形下人们还是会让母牛与公牛直接自然交配，这可谓是天雷地火之骇人场景，即使仅仅提及，也会引起大众的强烈好奇心与猜想。在相对贫困的欧洲某些农村地区，能够拥有一头公牛仍然是优越社会地位的象征，令人油然心生敬畏之情。尽管现代社会已经如斯进步，但在某些偏远的乡村，旧制度下的一些固有风俗从未远离。

顺便提一下，人们在漫步行路时如果遇到公牛，那还是非常吓人的。尽管实践已经证明，红色对于公牛来说造成的刺激并没有比其他颜色更为强烈，但大人们仍然总要提醒孩子在经过草地的时候千万不要穿红色的衣服，如果有头公牛在很远的地方吃草，在看到你的那一秒，这头被激怒的凶兽可能就已经狂奔到你的面前了。这种传闻由来已久，而且不仅针对公牛或野牛，其他牛类也都被赋予了这样一种见红而动的特殊品性。维克多·雨果于1828年写下的一首青年民谣中有两句诗，被1956年的乔治·布拉桑引用在了自己的新歌里，并以洗脑的副歌一遍一遍地回旋吟诵："孩子们，有头牛过来了，快快藏起红围裙！"

　　形象比喻、转意象征与民间俗谚将关于公牛的古代祖先信仰与神话场景引入了我们的日常生活，因为一提到公牛，人们想到的就是狂热与暴怒，而这两种情绪在色彩中的代表就是红色。我们从很多习语表达中可以体会到公牛给人们带来的危险。比如在法语中"扳住牛角"（prendre le taureau par les cornes）的意思是直面困难，从最复杂或最为艰险的地方着手，迎难而上解决问题。还有一句我们今天常说的老话"敢骂公牛是因为你不在斗兽场里"（Il est facile de parler du taureau quand on n'est pas dans l'arène），这是指有些人在远离危险的时候夸夸其谈，站着说话不腰疼，而真正面对危险情境的时候，立刻就尿了，恨不得谁都发现不了他。这个俗语还有英文版本，"谁不会躲在窗户背后吓唬公牛？"（It is easy to frighten a bull through a window.），说法措辞不同，但表达的意思是一致的。不过话说回来，也有一部分谚语或俗语，在不同语言的表述中会用不同

白色公牛

1820～1850年间，英国乡村曾经一度热衷于举办农事竞赛，评选郡中或教区内最为俊美的公牛。身长、体重、雄骏、身形体态的比例以及"独特"的颅形都是裁判进行评估决断的重要参考指标，但其中最为重要的要数毛皮的"贵气"程度。完全纯色不掺一根杂毛的公牛当然要比斑点毛色的更受青睐，而如果能挑出一头通体洁白无瑕的公牛，那么它肯定能够包揽几乎所有奖项。

老约翰·弗雷德里克·赫林，《白色公牛》，剑桥郡富尔本，布面油画，1830年，洛德（剑桥郡），安格尔西修道院

的动物来借喻。比如在西班牙语中"壮得像头公牛"（ser fuerte
como un toro）到了英语里则要说成"壮得像头犍牛"（to be as
strong as an ox），德语则要说"壮得像头水牛"（stark sein wie
ein Büffel），法语比较极端，要说成"壮得像头熊"（être fort
comme un ours），甚至还会说"壮得像个突厥人"（comme un
Turc）。

母牛是怎么变成脏话的

与公牛性别相异的是母牛，在法语中叫作"vache"，在多
数民族的文化中其与雄性一样，都和生育能力与物产丰饶的积
极义项联系在一起，这在一定程度上是依赖雄性已经具有的丰
富的象征意义。而母牛的角往往又被视为按照月亮形象创造的，
所以人们也把它们看作能有效沟通人类世界与天界的灵媒物质。
还有很多的神话故事将天本身视作一头巨大的母牛，用乳汁抚
育大地，发起雷霆之怒也会带来润泽万物的充沛雨水。在古埃
及神话中有位努特女神，她是苍穹女神，亦是众星辰之母，她
的形象就常被表现为一头母牛，在极少的场景中也会采用母猪
的化身。后来又有了哈托尔，她是爱与美的女神，也是母性的
保护神，她的形象有取代努特女神的趋势，她也常常被描绘为

一头母牛，或是一位头上长着两角、中间戴着一尊日轮的妇人。努特和哈托尔两尊神祇基本就可以视作北欧神话中创世的奥德姆拉牛的埃及版本。

在罗马人的时代就不这么看了，母牛既不是众星之母也不是苍穹女王，而是孕育了无限生命的大地的象征，为人类提供着生存和繁衍的基本条件。卢克莱修（Lucretius）、维吉尔（Virgil）、贺拉斯（Horace）和提布卢斯（Tibullus）都曾热情地歌颂母牛的坤德与功业。基督教在中世纪意图维护并带到近代实现广泛传播的公牛形象正是这一种，与其他文明（如印度文明）不同，它基本抛却了公牛所有天堂和宗教维度的形象而将它们牢牢固定在坚实的土地（"le plancher des vaches"字面意思是"牛的地板"）上，不再与宗教界或神界产生任何联系。

从为人类提供的营养方面来说，母牛与其他牛属同类一样，都是以肉为主。实际上，我们仅从欧洲人的实践出发，从18世纪至今，我们实际食用的所谓的"牛肉"主要都来自母牛。那我们为什么不干脆管它叫"母牛肉"（毕竟只是一个单纯词又不像中文一样能体现出性别区分）呢？是不是因为像"红肉"这种"阳刚之气"十足的食物，应至少在象征的意义上有个"男性"的名字？或者，从更加泛化的角度上说，是不是因为"母牛"这个词被引申出了太多的负面含义，以至于不好用它来指称这种在欧洲餐桌上几乎不可或缺的国民食材？会不

会是那些虽然存在时间不长，但是近代以来突然大量出现的有
"母牛"出镜的负面用语（如"倒霉事：bouse de vache——母牛
粪""冷血人：peau de vache——母牛皮""打倒警察：mort aux
vaches——母牛去死""卑鄙无耻：quelle vacherie——好一头
母牛"）使这种动物乃至指代其存在的名词已经被贬低得不堪
一用？

　　无论是在法语中还是在附近几个国家的语言体系内，这些
俚俗用语的出现应该不会早于19世纪上半叶。要想明确当时的
人为什么要团结一致地如此倾尽全力贬低一种动物，根本原因
今天怕是很难发掘出来了。这是不是反映了当时为了突出城市
的崛起及市民阶层的优越性而对所有农民、农村、农业生活的
普遍贬低？或者是不是为了突出种植业庄园的重要价值而贬低
牲畜养殖业？再或者是不是为了突出当时贵族阶层通常使用母
马为坐骑，而刻意贬低同为雌性牲畜类动物、更具无产阶级普
罗大众形象的母牛来衬托其地位？这很难给出一个明确的回答。
就其比喻意义而言，"母牛"一词最早被用于指摘邋里邋遢不修
边幅的女性以及行止俗奢令人讨厌的淘气女子，也曾用之贬斥
卖身为业的女性（在英国，cow这个词也是在1830年差不多这
个时候被用作同样的含义）；后来集中用于辱骂1870～1871年
间占领法国的普鲁士军人，特别是当时的沦陷区"边防警察"
［这也有可能是对于德语"哨兵／巡警（Wache）一词的空耳"］，

在此基础上进一步泛化引申，到今天已经可以用来隐晦辱骂任何穿着制服的人，特别是负责治安维护的军警部队。这后面一种引申义也就催生了今天各种无政府主义运动作为座右铭或是煽动口号的"母牛去死（mort aux vaches）——打倒警察"这样的俚俗表达。然后说到"vacherie"一词，这个词最早的意思单纯就是指一群母牛（13世纪开始出现）或是安置与喂养母牛的牛棚；但是后来到了18世纪中叶前后，人们开始用母牛常见的行为状态（如懒惰和喜怒无常）来嘲弄指责具有同样习性或性情的人，而到了今时今日，已经发展出了很多子义项，比如一种是"命运的捉弄""无妄之灾"，一种是"不义之举"，还有更加近代才出现的评价一种行为或言论卑鄙恶劣乃至于阴险狡诈的含义。最后我们说说"vachement"一词，这个词在20世纪初还不怎么常见，最早的时候是用来替代"méchamment"（恶意地/恶毒地）一词使用，后来其应用范围逐渐扩展到大众俗语中，被赋予了一种似乎是中性的"比较高级"语法作用，相当于"大大地""严重地"或单纯是"非常/很"的同义词。

牛奶及其象征意义

然而，母牛能够提供给人类的营养，虽然实际上来自其肉，但作为象征的独特性来说，从奶牛乳房中流出的牛奶才是最为典型的。但牛奶的历史并没有那么长，事实上，几个世纪以来（甚至几千年可能都是如此）欧洲人所食用的动物奶都是羊奶，包括山羊奶和绵羊奶，甚至可以用驴奶来代替，但不怎么喝牛奶。从古代到中世纪，饲养母牛都不是为了产奶，而是为了繁殖，生下更多小牛，它们自身也要像雄性一样为田间地头的劳作提供助力，无论是拖犁、踩榨、推磨、扛货还是推车，一样都逃不过。而对牛的喂养条件并不见得更好，所以与绵羊、山羊这些低需求高产奶量的家畜不同，母牛只能在繁殖季短暂地产奶。在巴黎直到17世纪末牛奶的消费量才超过绵羊奶，而在伦敦这还要再等一个世纪，至于南欧的农业地区这个替代的过程则更加漫长，某些地方直到20世纪中叶还只爱用绵羊或山羊奶制作奶酪。所以，在奶与牛之间是否存在必然的直接联系，还得具体地区具体分析，而且我们得明白，并不是在任何地方提到母牛就能让人联系起田园牧歌、绿油油的草原、农场与乳品业的。

如今，这一切都已经消失，或正在逐渐消失。奶在某些营养学派别中甚至已经成为具有一定风险，至少要酌量谨慎摄入的食物了。正因如此，我们才更要寻根溯源，探究一下关于奶的那段丰富而神秘的历史。毕竟奶的确是一种富含多种营养、具有一定疗愈功效的流体食物，是所有哺乳动物（包括人类在

挤奶时间

特鲍赫不仅是一位出色的肖像和风俗画画家，还是一位出类拔萃的色彩艺术大师，他经常将一两个人物放在画作的中心位置，用在场景背景中以最为明亮的色彩去表现，而其他背景一般是暗色的。这座简陋的马厩也不例外：两头奶牛和农妇是整个画面的亮点，其红色的腰带尽管面积细小，却是全图最抢眼的视觉焦点。

格拉尔德·特鲍赫，"小画派"，《马厩中挤奶的女人》，油画，约1652～1654年，洛杉矶，保罗·盖蒂博物馆，83.PB.232

内）初生阶段的唯一食物和营养来源。

古人将奶与蜜、酒、油和小麦这几样都视作神祇赐予的礼物。希腊人对山羊奶表现出特别的青睐，他们认为山羊奶是功效最接近人奶的动物乳汁。基于这种认知，希腊神话中就描写神母瑞亚为保护刚出生的宙斯免受那以吞食自己孩子而恶名昭著的克罗诺斯的妒火戕害，将未来的主神托付给克里特山洞里的山羊阿玛耳忒亚哺育。宙斯就这样靠着山羊的乳汁和蜜蜂酿的蜂蜜一天天长大，并因为常吃阿玛耳忒亚的犄角中流出的一种特殊玉液琼浆而获得不朽的生命。后来为了报答奶妈的抚育之恩，主神将阿玛耳忒亚送到天宫成为了摩羯座。

在《圣经》中，奶通常象征着富足和繁荣。与干旱贫瘠的沙漠相比，被描绘成"流着奶与蜜之地"的迦南对于逃出埃及的希伯来人而言就代表着神的"应许之地"，基于此我们判断在那个时期奶与蜜被看作最富营养、纯净、甘甜、丰润的基本口粮。在整个旧大陆区域，奶都被公认为生命与健康的象征，成为人们的首选食物与头等饮品。奶的洁白色质为它赋予了纯洁的意味，使之具有净化灵魂的载体功能。无论是对于希腊人还是罗马人，在他们出生、教育和皈依宗教的过程中都要用到奶。对于北境住人与日耳曼人来说，提到春天的万物复苏和所有与繁衍有关的话题时都与奶有关。在凯尔特人的心目中，奶就是长生不老的神药，可以消解各种毒药，还可以浇灭炼炉天火。

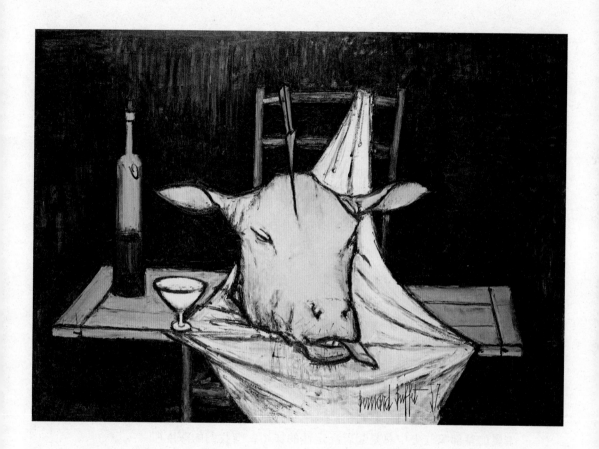

静物与小牛头

与各类野味和鱼鲜时常成为静物画作品中的主角不同，家畜的形象并不多见。但在这幅画中，画家体现出的勇猛创新之处不在于将整个牛头（不知来自母牛还是小牛）置于构图之中，而在于选择以白色来表现这个牛头，还要将其放置在另一块白布之上。

贝尔纳·布菲，《小牛头》，布面油画，1957年，私人藏品

中世纪的人们在传承了前述所有关于奶的卓越功效之外，更进一步为它灌注了全新的道德养分，比如根据人类慈母哺乳的形象去塑造圣母玛利亚养育基督的情境，让人们产生联想：圣母的乳汁滋养了圣婴，而基督成人后在十字架上献出了鲜血来拯救世人，这就建立了一种奶与血之间的神圣联系，这种联系在其他多种宗教中也都出现过相似的版本。象征着生命、圣洁与温柔的奶白和象征着生机与复苏的血红仿佛就应当是天生的一对，和象征着不洁与天殛的黑色形成了强烈的对比。

这三种色彩的象征意义以各种方式伴随着牛的整部历史。从很早以前开始，人们就非常在意牛只皮毛的颜色。印度教和古吠陀宗教的祭司崇拜的是白色的牛，埃及人要寻找的阿庇斯神化身虽然也应通体白色，但在身上的特定位置必须有着形状严格符合规定的黑色斑点，希伯来利未人在祭祀仪式中要献祭的神牛必须通体绛红，只有这样才具有净化自身以及与逝者沟通的能力。白色、黑色和红色，这三种极具象征意义的颜色在牛属的整部家族史中总是起着决定性的作用，给我们的深度叩问提供了脉络清晰的线索。这种色彩关系的最基本形式可以是这样的：比如通常说的"牛"一般是体形雄壮的白色动物，性格忠顺平和，能提供健康的食用红肉，"母牛"一般毛色棕红，温柔而多产，能提供有营养的白色牛乳，而"公牛"则是令人胆寒的黑色猛兽，它的暴戾让鲜血染红了大地，永远蒙昧但有时却能拯救世界。有道理吗？

母牛的护理

　　在大多数欧洲国家，农业促进会或农业博览会是一场盛事，牛的形象从最早的时候就频频出现在这些国民活动的宣传海报上，成为了欧洲乡村经济的形象代言人。在这些活动还没出现时，各种牛类就是大集市和牲畜交易会上的绝对焦点，而公牛在其中则堪称世人瞩目的明星。19世纪的诸多作家都为我们留下了相当贴近实际的描述和记录。古斯塔夫·福楼拜在《包法利夫人》（1857年）中就尝试将客观现实与言语描述交织在一起，达成一种几乎不加掩饰的讽刺效果，由此成为当代文学的一段佳话。同样取材于福楼拜所最为熟悉的诺曼底乡村生活，《布瓦德和佩库什》这本未完成的遗作最终于1881年整理出版，主人公本是两位卑微的抄写员，后来他们勇于辞职，归园田居。二人冒冒失失地接手了一个农场，除了阅读到通俗科普读物中的只言片语以及从各处边边角角搜集到的所谓"经验建议"以外从未染指过农事的他们，甩开袖子开始奔赴迈向经济自由的美好梦想。这时候他们所拥有的只有赤诚和天真（应该说成是愚蠢也不为过）的情怀，因此他们的每次"伟大"尝

奶牛和摇钱树

一个流传已久的传说是，夏加尔在广播中听到只有一小部分法国人缴纳所得税，因此他们是维持整个国家运转的"摇钱树"后，便在纸上创作了这幅水粉画。夏加尔从未否认这一点。

马克·夏加尔，《乳品业》，1933年，巴黎，国家现代艺术博物馆，AM 88-326

奶牛，乡村的象征

约翰·康斯特博不仅是印象派美术家们的先驱，也是工业革命前夕英国乡村生活（以萨福克地区为主）的忠实记录者。"我们失去了那个祥和的世界"，19世纪末的历史学家和小说家提到那个时代时都充满了怀旧情愫。

约翰·康斯特博，《五头有角兽》，风格练习，画于名为《哈德利城堡》的画作背面，约创作于1828～1829年，耶鲁大学，英国艺术中心，保罗·梅隆收藏，B 2001.2.141

试都无一例外地演变成时而滑稽的惨案。有一个桥段比较疯狂，我给大家介绍一下：比如当他们不得不治疗一头周身浮肿、命悬一线的母牛时，能想到的办法居然是应用当时刚刚崭露头角的磁力理论：

第二天早上六点钟，一个犁地的人来向他们报告说农场需要他们去看一下一头濒死的母牛。他们赶忙跑了过去。苹果树正开花，院子里的草地在初升的太阳下蒸腾着一片氤氲之气。一头母牛半盖着床单卧在池塘边，浑身肿胀得不成比例，更像是头河马。人们向它身上一桶一桶地泼凉水，它则应激性地嘶吼着，身上不停地打着哆嗦，看样子想必是吃了三叶草丛中某些有毒的叶子。古侬老爹和婶婶慌得手足无措，因为兽医没法赶到，而唯一知道几句对付"鼓胀病"咒语的大车夫懒得帮忙，但好在这两位以家中藏书丰富名动十里的师傅，他们肯定知道点稀奇古怪的法子能解决问题。只见他们二人把袖子一挽，一人端立于牛角前方，一人站在牛臀后方，使出吃奶的力气像歇斯底里症患者般在空中乱划一气，接下来十指箕张，往牛身上涂抹一种可疑的液体。农场主夫妻和他的孩子，还有来凑热闹的邻居都瞪大了眼睛，带着惊恐的神色看着这幕惊人的场景。过了一会儿，牛腹中刚才听到的气泡声逐渐变成了震耳的肠鸣声，一点点运转到直肠末端附近。然后放了一个惊天大屁。贝库什接着说道："现在通往希望的门户已经打开了，应该是个出口！"这出口轰然开放，他口中的"希望"被埋在一团黄色物质中如炮弹一般射了出去。接下来，人们看着牛皮渐渐松皱下来，牛的肚子瘪了下去，又过了一小时，浮肿的部分已然不知去向。

时至今日，针对牛类的兽医学已经充分进步，疗效确切，如上所述的这类滑稽场面从此永远被扔进了故纸堆，但如今的牛只养护却远远不似往年那般充满体仁万物之情。成批的牛群如今都被禁锢在室内集中笼养，终日只能面对着巨兽般的庞大食槽茫然地咀嚼。人们还要严厉指责它们破坏地球生态平衡，因为牛群的嗳气胀气会释放大量的甲烷，而甲烷是非常典型的温室气体，对环境的破坏力据称可达到二氧化碳的25倍，而研究人员经过某些奇妙的统计算法，声称仅法国奶牛一年排放的对地球有害的气体就足足相当于1500万辆汽车。于是他们开始计划给牛只们节食、注射限制甲烷排出的疫苗、通过生物工程改变个体反刍回路，甚至于还有20世纪的"没头脑"与"不高兴"（原文用福楼拜的"Bouvard"和"Pécuchet"代指）暴论要杀掉全世界50%的牛类，不多不少，必须刚好对半。可怜的公牛、母牛和世界上一切的牛啊！你们有没有想到就这样成为了人类愚昧与贪婪的牺牲品？是人类把豆饼、骨粉饲料还有食品工业下脚料的垃圾喂给它们，就没有更好的选择吗？难道不能让它们重新找回广袤的草场上优哉游哉的自在生活吗？

9 斗牛运动

La corrida

◀ **斗牛的象征色**

这是一本向弗朗西斯科·戈雅致敬的书，封面是图卢兹·劳特累克创作的，他特意选择了红、白、黑这三种极富表现主义风格的色彩搭配，刚好这三种颜色正是19世纪斗牛运动的象征。遗憾的是，如今在斗牛场上，白色几乎消失殆尽，而血红色也常常被一种特别不养眼的紫红色所取代。

亨利·德·图卢兹·劳特累克，《斗牛》，纸板油画，1894年，私人收藏

斗牛运动（西班牙语"corrida de toros"，意指"奔牛节"）的起源一直是人们津津乐道又争论不休的话题。选择这一主题开展研究的书籍浩如烟海，但良莠不齐，其中不乏简单化甚至提供错误信息的情形，有时看得出仅是缺乏诚意，有时甚至是根本胡说八道的垃圾文本。其中，那些激进推进并拥护斗牛运动的一派明显更富战斗力，在提供了大量史料的同时也炮制了无数伪史和假证。总体说来真正严肃的调查都是在距我们最近的这个时代完成的，结论都指向同一个共识，那就是：古典时代作为宗教或政治仪式的斗牛活动与18世纪末兴起于西班牙具有特定传统赛事规则的斗牛活动之间不存在任何联系与渊源。可以说这两种历史情境的文化大背景是断然不同的，在认识到这种断裂的前提下，如果还要坚持二者之间的某种联系那将明显是荒谬的，这反映出对历史这个学科概念的全然无知。克里特岛在公元前2000年左右有记载的斗牛竞技以及有公牛参与的杂耍马戏与当代西班牙乃至整个古代伊比利亚地区都没有任何关系。

并没有想象中那么悠久的历史

我们前文说过，从遥远的上古到基督教征服整个罗马帝国为止，在这段时期的近东和地中海盆地一带存在着与牛类相关的各种原始崇拜，但这些记载的内容中并没有留下任何文化遗产或残存的记忆碎片能让我们将其与现代斗牛运动的起源搭上任何或近或远的关系。比如影响深远的密特拉信仰，历史学家的考据对斗牛运动来说就是纯粹的陌路客，但确实有无数的"权威人士"持不同观点，特别是一批法国南方持文化独立观点的文学家和诗人（自称"费利伯尔人"），还有如亨利·德·蒙泰朗这样的小说家（集中体现在他1926年出版的《斗兽者》）以及毕加索这样声名显赫的艺术大师，以至于在20世纪30～60年代，这种"密特拉影响说"对斗牛驯养业产生了浪潮式的影响，当时很多优秀的公牛甚至直接冠以密特拉衍生的名字。这里我们觉得有必要再次强调，这种源自亚洲的自然宗教根本就不是对牛本身的崇拜，而是一种基于尊太阳为主神的神秘主义教派，包括公牛在内的任何动物都不是神祇甚至不是半神，而只是单纯的祭祀物品，当然更不必说这种教派对伊比利亚半岛的渗透程度几乎可以忽略不计。

更有甚者，有些说法认为旧石器时代的石窟岩画中描绘的猎杀原始野牛的场景实际上就可解读为最早的"斗牛"运动的见证，我们不得不认为这种做法是荒谬且卑劣的。因为做出这样跨越千年无稽臆想的唯一目的，就是试图通过尽可能无限拉长这种运动存在的历史，来佐证当代斗牛运动作为文化遗产的稀缺性和历史存在的合理性，从而以之对抗在当今社会各个层

面已经全面爆发出来的强烈反对和质疑。让我们先把这种口水
戏说的历史叙事抛在一边吧。

　　基督教会长期以来对于组织任何动物搏斗的表演都持明确的
敌视态度，这种运动中展现出来的残忍与血腥绝不能被承认是基
督教的发明，所以那些支持论者不得不绕开这堵铜墙铁壁，转而
向基督教世界之外去寻找斗牛活动的起源。他们曾将伊斯兰国家
视为优先备选，但最后不得不承认，在所有伊斯兰教浸润的土地
上，甚至包括中世纪的西班牙，都没有任何遗迹可以支持这一假
设。所以还得去别处继续找。直到18世纪，随着考古学及学术
研究的长足进步，史学家公认最早在马戏表演中加入与公牛角斗
的戏份是从古罗马时期开始的，至少可以证明这种活动是在罗马
斗兽场中举办过的。不过这种假设也是相当脆弱的，一方面是因
为当时在斗兽场中竞技的不只有公牛，还有各种各样其他的动物
（当然以野兽为主），另一方面是由于斗兽场建筑在帝国消亡时
已多次毁于战乱，若还有剩下来的一些遗迹，在中世纪早期基本
也都被改建成了住宅。这种逻辑其实倒过来说更加接近事实，即
19～20世纪的人们是为了模仿古罗马人的生活模式"仿古风"地
建造了自己的大斗兽场来组织新式的斗牛运动。总的说来，斗牛
起源于罗马的假说比起源于伊斯兰地区的假说更有生命力，但这
一假说时至今日或多或少都已被抛弃了。

　　于是，那些为斗牛寻找古代起源的人不得不把目光再次转

中世纪的斗牛活动

我们在史料中发现，中世纪在纳瓦雷和卡斯蒂利亚区域的一些城镇曾有过斗牛表演和竞技的证据，人们不禁怀疑这是不是当代斗牛运动的前身。可惜答案是否定的，事实并非如此，在那个时代，所有的这些娱乐项目都是被教会严令禁止的，绝大多数或多或少都有着半地下的性质，因此没有任何体系性的既定规则，即使是竞技也是全然即兴的随心而至，这更像是单纯的狂欢节式的娱乐。

卡斯蒂利亚国王阿方索十世于1280年前后敕令复绘的《圣玛利亚颂歌》手稿细密画。圣洛伦索，埃斯科里亚皇家修道院图书馆，手稿T.I.1

向中世纪基督教的西班牙，但仍然徒劳无功，相关的证据要么根本不存在，要么丝毫站不住脚，这迫使他们只能硬着头皮去玩弄文字游戏，从封建年代的纳瓦雷和卡斯蒂利亚语言史料库中发掘一些关于斗牛竞技的证据，但求能够通过它们找出与现代斗牛的些许亲缘关系。关于这些斗牛或奔牛的竞赛活动，档案质量较高的大都集中在16～17世纪，零散地分布在皇室或地方亲王们主办的加冕、联姻、诞生、洗礼、皈依、缔约等重大的节庆活动项目中。参与竞技是贵族阶层的专利，竞技者们骑马持骑士长枪与牛死斗，有些文献描绘了一些比较流行的举办类似竞赛的基本惯例，但这还远算不上真正的规则。与此同时，同是在中世纪末期还存在一些属于民间的斗牛赛事风俗，没有规则，也不靠马匹，徒步赤身与公牛相斗，其形式多种多样，而且暴力残忍的尺度往往远超贵族的那个版本，有时甚至是一场更加盛大的狂欢仪式的组成部分。来自外国的旅行者目睹了这种活动，纷纷留下了极为反感，乃至大为震惊的评价。比如1679年，以收集寓言故事闻名文学界的多尔诺瓦男爵夫人在经历了这样一番表演后写道：

> 令我本人深感惊讶之处在于，这样一个自称虔诚天主教徒的国王统治下的上贤之国，他的人民竟然能够容忍如此野蛮的娱乐活动！我清楚这是一种来自摩尔人的非常古

老的风俗，但在我个人看来必须彻底废除，甚至不只是这，还包括从异教徒那里继承来的一切光怪陆离的习气。(《西班牙旅记》1679年)

还有一位17世纪末伟大的旅行家伯纳德·马丁，他经常以隐名的方式在阿姆斯特丹出版作品，以对其所穿越过的国家和文明丝毫不留情面的批判闻名于世，他对于斗牛活动也表达过类似的看法：

目睹这个民族对这些无辜动物的嗜血杀戮欲望真的是令任何有良知的人无力接受。当对自己的命运茫然无知的公牛经过骑士所在的架台时，就会突然乱剑加身，遭受千刀万剐之刑，在惨遭屠戮后，那些人还要挥舞马刀，斩下它的尾巴和耻部，包在自己绣花的手绢里向万众展示，仿佛是在某场重要战役中凯旋时炫耀的战利品。(《对西、葡、德、法等诸国在不同时期风貌的见证》1699年)

当代斗牛运动的诞生

这些走马观花的游记作者看到的所谓的"斗牛"表演诚然

Dibersion de España

斗牛士的训练

弗朗西斯科·戈雅（Francisco Goya，1746～1828年）生命中的最后四年是在波尔多度过的。大量的素描和版画见证了他对自己热爱的城市日常生活（尤其是小人物的生活）的兴趣。这些作品在有心人的眼中也同时揭示了艺术家对斗牛逐渐产生的兴趣，他尝试通过表现主义的手法呈现这个主题，与他以往的作品相比，这更加突出了台下观众角色的群像刻画。

弗朗西斯科·何塞·德·戈雅·卢西恩特斯，《在西班牙的生活消遣》，石版铅笔画，1825年

与我们今天所说的斗牛运动大异其趣。这些节庆活动和各种五花八门的竞技一般都要热闹一整天，真正的斗牛要到晚上才正式开始。贵族们是骑着高头大马，举止优雅，一身贵气但勇气欠奉的。围绕着他们的那些帮闲者各个身怀利刃，当场中的公牛甫一受伤，他们就立刻一拥而上，残忍地将它屠戮至死。

又过了很长的一段时期，在18世纪的西班牙，真正的斗牛运动诞生了，有可能是贵族竞技与平民狂欢运动的某种结合，但我们没有什么信源可兹佐证。比如各地区根据不同的风俗习惯而形成的多姿多彩的竞技形式是如何逐渐演变成整齐划一并具有规范体制的国民运动，而且还吸引了如此众多的拥趸的，这些是我们需要进一步在细节中寻根究底的。我们有明确的材料可知，到了18世纪60年代，西班牙和葡萄牙几乎所有地区都在组织大规模的斗牛运动，广大普通市民已经开始涌入并"占领斗兽场"，而这时候的斗牛者已经开始走向职业化，即成为了斗牛士（matadors），而其中有很多的精英已经在当地所有阶层中享有盛誉。比如出色的斗牛士弗朗西斯科·罗梅罗（1700～1763年）首创了"穆莱塔"（斗牛红布）（最开始用白布，后来逐渐演变成了黄色和红色），也是他将最后处死公牛的"致命一剑"作为整场表演的高潮和结束，在他的影响下，斗牛运动的主角不再是过去的"马上斗士"（picador），观众视线的焦点转移到了最终施以绝杀的"徒步斗士"（matador）身

拿破仑时代的斗牛表演

弗朗西斯科·戈雅在他隐居波尔多期间创作了大量以斗牛为主题的油画、版画和各种素描。在他活跃的时代，现代斗牛运动已经非常成熟，各种关于斗牛运动规则的专著已经出版，斗牛士开始成为声名远播的明星，受到人们的追捧和崇敬。

弗朗西斯科·何塞·德·戈雅·卢西恩特斯（挂名），《分区斗牛场中的斗牛比赛》，布面油画，1816年，纽约，大都会艺术博物馆，Inv.22.181

上。何塞·德尔加多·桂拉（1754～1801年，绰号"佩佩·伊尤"）在1796年出版了长期作为训练斗牛士参考用书的大部头著作《斗牛术，或骑马、徒步斗杀公牛的艺术》，他最终英勇地丧生于马德里的斗牛场，可谓求仁得仁。数年后，同样是一位出色的斗牛士弗朗西斯科·蒙特斯·雷纳（1805～1851年，绰号"帕圭罗"）对当代斗牛运动规则的建设做出了巨大的贡献，1836年，由他作为署名作者出版的《斗牛全书，或骑马、徒步斗牛之艺术》成为行业最终的核心著作，但其实这本书是由当时的专业作家执笔，在编撰团队手中最终定稿的。

所以我们认为可以将现代斗牛运动的诞生时点确定在1796和1836这两本书面世的年份之间，核心流程包括入场式（paseo：本次赛事所有参赛者绕场游行）、斗牛比赛的三步（枪刺：piques；挂花标：banderilles；斗杀：faena，即用穆莱塔红布和斗篷进行一系列的刺杀动作），最后当公牛经过一段时间的放血已经奄奄一息、站立不稳时，由主斗牛士（matador）亲自操刀处死公牛，他需要站在斗牛场中央，将十字剑从一定角度端正地刺入牛背十字区（脊柱与右肩胛之间）刺穿心脏。按照现有的规定，每个参赛人员都有着明确的场上职责和定位，在表演进程的不同阶段要始终严格遵守竞赛规则，斗牛场的建筑设计也是专门为斗牛运动的规范流程按照一定的标准量身定制。这种专业性和程式感使得关注这项运动的受众面越来越广，关

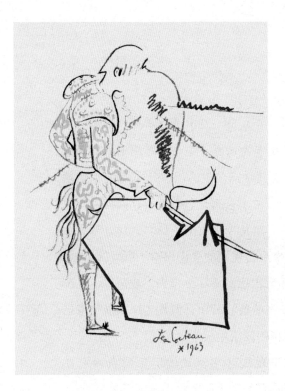

一位知名斗牛爱好者绘制的斗牛士像

让·谷克多大约是从20世纪40年代起对斗牛运动产生了浓厚的兴趣，此后这种热情再也未曾减退。在他的个人手记《确定的以往》（*Le Passé défini*）中，经常写到他（通常是与毕加索结伴）去看的斗牛比赛。他自己也创作了大量描绘斗牛主题的素描、速写、石版画、诗歌和各种文章，其中还包括一首由弗朗西斯·普朗克作曲，充满意大利风格的西班牙歌曲的歌词，名为《斗牛士》（*Toréador*）。

让·谷克多，《斗牛士》，石版画，1963年

注度也越来越高。

到了19世纪中叶，过路的外国旅人已经不会对斗牛大惊小怪，有些著名的作家和艺术家甚至被吸引为铁杆支持者，如法国人普罗斯珀·梅里美、泰奥菲尔·戈蒂埃和爱德华·马奈，这三位的共同特点就是都对西班牙有着强烈的向往，所以对这种运动可能带有一种爱屋及乌的浪漫主义想象：

我近来不断地听到来自各方面的声音，说什么西班牙对于斗牛运动的爱好在逐渐式微，以及什么文明的发展会把这种活动扫进历史的故纸堆。好吧，如果文明真的这

么做了，损失是它自己的，我这么说是因为我认为斗牛可称得上是有史以来全人类能够想象到的最完美的艺术演出形式。好在这一天还没有来，那些叽叽歪歪神经过敏的文化人只要选一个正常的礼拜一，在下午4～5点的时候把自己的屁股挪到阿尔卡拉门那里，就能毫无障碍地亲自看看这种血腥暴力的娱乐节目到底有没有逐渐式微。我也承认，在看到公牛被虐杀时，我的心脏就像被一只无形的大手攥住，耳中不禁嗡嗡作响，忽冷忽热的汗水沿着脊背哗哗地流。这绝对是我生命中经历的最强烈的情感时刻之一[……]谋杀和鲜血在高度程式感中被戏剧化、被升华，超越了暴力的范畴而进入了一种美学的境界。（泰奥费尔·戈蒂埃，《西班牙之旅》，1843年）

公牛的一生

至于19世纪中叶或更晚些时候以来到现在斗牛运动的沿革和历程，我们就不在这里多花笔墨了，这不是我们这本书所要探究的话题，毕竟无论斗牛运动如何发展，斗牛场中公牛的命运是永远不变的。不过，我们倒是可以指出一点可喜的进展，那就是当斗牛运动从西班牙传播到拉丁美洲国家，随后扩展到法国南部以后，其形式在某些地区发生了质的变化，走进竞技场的公牛终于有了活着走出来的希望。比如很多城市举办的奔牛节（férias），这是一种兴起于西班牙北部与南法的狂欢节庆活动，与真正的斗牛竞赛有着天壤之别，在这里，小年齿的公牛被放出来在小镇的大街小巷上肆意狂奔，或是赶母牛在城市道路上赛跑竞速，这些活动中牛倒是不会遭到残杀，但是各种恶性事故频发，无论是人还是牛都时常会受到严重的伤害。

对斗牛而言，斗牛场上流干鲜血后穿心而死的凄厉命运与

斗牛运动在乌拉圭

许多南美的西班牙殖民国家仍保留着斗牛传统，但乌拉圭却是个例外。从20世纪40年代开始，斗牛在乌拉圭消失了。不过，乌拉圭仍留下了一个非常漂亮的斗牛场，位于乌拉圭最古老的城市科洛尼亚·萨克拉门托的皇家圣卡洛斯斗牛场，被收入联合国教科文组织的世界物质文化遗产。但若我们回溯到1910～1911年间，那时斗牛与网球、足球、海水浴和泛舟白银河一样，都是当地礼拜日消遣活动的一部分。

1910年的石版印刷海报，私人收藏

其前四年养尊处优、骄奢淫逸的生活形成了强烈的反差。每一头准备走上斗牛场的公牛都是经过千挑万选脱颖而出的，它们会被转送到闻名遐迩的专业农场（ganaderìas）饲养，取个专属的名字，建立自己的族谱，享受技师们精心的呵护与宠爱，每餐都吃得饱饱的，可以在广阔的草地上嬉戏，睡在遮风避雨的地方，作为种公牛与最标致的母牛交配，以衍续出一条完整的辉煌血统，保证之后代代母牛都能生能养，公牛都勇猛善斗。它们的健康和体重受到严格控制，有专业的兽医团队时刻进行干预，时不时就要对其节食，它们的角也是重点保护对象，有时也会故意磨去锋锐以免无意中撞伤。

能登上斗牛场的公牛必须精力充沛，但又绝不能像农业展销会上的公牛那样肥胖笨重，它们的理想体重应该是在500～550公斤之间，体形适中，颈部修长，头部小而坚直，两角必须对称，主色为纯黑色或深色（但少数极其优秀的个例也有浅色的，并不至于如此教条）。在驯养者、斗牛士、粉丝心目中对于公牛的品鉴标准略有不同，但公认优秀的公牛性格方面表现出来的特质应该包括勇敢、活泼、血统纯正、体态协调、攻击干脆利落、"行为举止优雅高贵"，这其中最后一条尤其难以界定。您没看错，不仅斗牛士有粉丝，著名的斗牛所拥有的粉丝阵容丝毫不亚于其敌手，它们在斗牛场上展现出的骄傲和英勇同样令观众动容，甚至有在某些赛事中被赦免一死且在重

光与影

1889年，8岁的毕加索在马拉加随父亲
第一次观看了斗牛比赛。这场精彩的
比赛在他幼小心灵上打下了永不磨灭
的印记，以至于终其一生，斗牛的题
材都在他的作品中占据着核心的地位。
这是一幅他早期的画作，他对光与影
之间微妙作用表现出了特别的敏感，
这是任何程式化演绎中都不可或缺的
元素，无论是对公牛、斗牛士和观众
来说概莫能外。

巴勃罗·毕加索，《斗牛》，纸板油画，
1901年，私人收藏

伤之下逃出死神魔掌的传奇公牛，其中最著名的如1879年的
"蜘蛛"（穆西拉沃 Murcielargo）、1936年的西西隆（Cicilon）、
1976年的"苦境"（拉伯里奥索 Laborioso）以及1982年的"更
夫"（贝拉多尔 Velador）。

斗牛运动的是与非

　　这种为某些具有非凡品质的动物赋予光荣声誉的做法，虽
然可能引得普通观众的感动，但在其攻讦者的眼中并不构成合
法性的有效支撑。在教廷方面，打从16世纪开始，历任教皇和
高级主教都不停地对这种斗牛表演口诛笔伐。但在17世纪中有
几位教皇就相对宽松一些，仅是禁止在重要的基督教节庆日举
办这种活动，且不允许神职人员进场观看。但自18世纪以来的

▶ **黄绿粉三色衣着的斗牛士**

博特罗并不只会画胖女人，在20世纪80年代，斗牛占据了他大半的精力，也使
他得到了与自己向往已久的精神导师巴勃罗·毕加索建立私人情感的机会。这幅
"公牛之死"致敬了毕加索的几幅画作，但博特罗故意在色调上玩了一点手段，将
程式化的斗牛表演变得好似一场稚拙的芭蕾舞。

费尔南多·博特罗，《正手引战》（*Derechazo*），布面油画，1984年，私人收藏

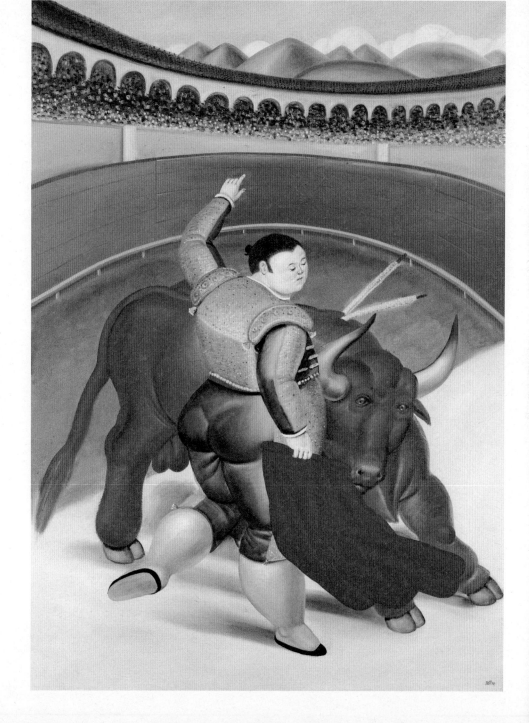

数百年间，在针对斗牛运动的道德论战中各种生态位的立场越发清晰起来，反对者们的态度也更加强硬激进。

他们为其列举的血泪罪状越来越多，从"耻辱大赏""文明人之殇""嗜血的粉丝"，到"让公牛遭受绝难忍受的苦痛""助力骏马被牛角开膛破肚（针对这条意见，斗牛规则中于1928年引入了马铠）""荒诞不经的莽汉情趣""布景、衣装和用色毫无美学素养""在儿童面前赤裸裸地展现杀戮（毕加索就自陈与父亲观看第一场斗牛时仅有8岁）""各种对赛事结果的舞弊、阴谋与操控""参赛者各种角色间风险承担极不平衡""在1950～2000年间，仅在西班牙，死于斗牛竞技的公牛就有4150头，而只有一名斗牛士殉职""纳税人的大量公帑被花在了这些被大多数人谴责的残暴不文的活动上"。事实上在过去的半个世纪，无论是西班牙、法国还是世界其他地方，支持反斗牛运动的有组织游行、请愿及社会公益性组织如雨后春笋般大量涌现，呼吁在全世界彻底取缔这一丑恶奇观。但这一切无济于事。最成功的结果也无非是在某个极为有限的范围里阶段性地实施禁令，或者没几天就被几番论战废止了议案（至少在加泰卢尼亚地区自从2010年开始就处于这种状态）。

斗牛运动本身有着顽固的保守政治势力支持，而且拥护乃至热爱这项活动的粉丝们普遍具有寻衅滋事的意愿和极强的战斗力，更何况他们也有自身的理论基础。他们常说：斗牛既属于正规的体育运动，又是一门艺术和一种文化传统，堪称国粹活化石或地方性文化遗产，更是广义的伊比利亚文化和地中海文化的重要组成部分，如果一定要废除斗牛运动，不仅仅意味着这个艺术门类的消亡，更要意识到斗牛驯养产业链在很多地方是支柱产业，养活着数以万计的当地就业人口，一旦取缔将会导致实实在在的经济和社会危机。以上还算是比较靠谱的说法，另有一些辩法就显得更加难以自圆其说了，比如有人说眼不见为净，你看不惯斗牛就别去看好了；有人指责反对斗牛的人啥都不懂，纯属神经过敏；有人说牛感觉不到那么大的痛苦；有人说观众并不是乐见公牛所受的折磨，而只是欣赏其英勇不屈的精神；还有人辩护说这种活动不是私刑而是文化形象，不能用法令去终结一种文化；站在公牛的角度上来说，作为一种动物，过上斗牛那种骄奢淫逸的生活总比被阉割送去做待屠宰的肉牛要幸福；从斗牛活动本身来说，在战斗中公牛和斗牛士获胜的机会是均等的，这是"竞技体育伟大不确定性"的典型体现。

　　如果公牛那肉眼可见的痛苦没有那么悲怆，当众虐杀屠戮的场景不是如此之残酷，极尽夸张媚俗之能事的流程不至如此鄙陋的话，或许在听到这些令人哑然的荒诞辩词之时，我们还可以一笑了之吧。

资料来源与参考文献

1. 资料来源

古典文本

Apollodore, *Bibliothèque*, éd.
G. Frazer, Londres-New York,
1921, 2 vol.
Aristote, *Historia animalium*, éd.
et trad. M. Camus, Paris, 1783, 2 vol.
—, *Historia animalium*, éd. et trad.
A. L. Peck et D. M. Balme, Londres,
1965-1990, 3 vol.
Augustin (saint), *Sermones*,
Turnhout, 1954 (*Corpus
Christianorum, Series Latina*, 32).
Caton l'Ancien (Marcus Porcius
Cato), *De agri cultura*, éd. R. Goujard,
Paris, 2018.
Columelle (Lucius Junius Moderatus
Columella), *De re rustica*, livre VI, éd.
L. Du Bois, Paris, 1846.
Élien (Claudius Aelianus), *De natura
animalium libri XVII*, éd. R. Hercher,
Leipzig, 1864-1866, 2 vol.
—, *De natura animalium libri XVII*,
éd. A. F. Scholfield, Cambridge
(États-Unis), 1958-1959, 3 vol.
Ovide (Publius Ovidius Naso),
Metamorphoseon libri, éd. G. Lafaye,
Paris, 1928-1930, 3 vol.
—, *Fasti*, éd. R. Schilling, Paris, 1992.
Pausanias, *Graecae descriptio*, éd.
F. Spiro, Leipzig, 1903, 3 vol.
Pline l'Ancien (C. Plinius Secundus),
Naturalis Historia, éd. A. Ernout,
J. André et alii, Paris, 1947-1985,
37 vol.
Solin (Caius Julius Solinus),
Collectanea rerum memorabilium, éd.
Th. Mommsen, 2ᵉ éd., Berlin, 1895.
Varron (Marcus Terentius Varro),

De re rustica, éd. J. Heurgon et
C. Guiraud, 2ᵉ éd., Paris, 2003, 3 vol.
Virgile, *Georgica*, éd. E. de Saint-
Denis, 2ᵉ éd., Paris, 1960.

中世纪文本

Albert le Grand (Albertus Magnus),
De animalibus libri XXVI, éd.
H. Stadler, Münster, 1916-1920, 2 vol.
Alexandre Neckam (Alexander
Neckam), *De naturis rerum libri duo*,
éd. Th. Wright, Londres, 1863 (*Rerum
Brittanicarum medii aevi scriptores,
Roll Series*, 34).
Barthélemy l'Anglais (Bartholomaeus
Anglicus), *De propietatibus rerum...*,
Francfort-sur-le-Main, 1601 (réimpr.
Francfort-sur-le-Main, 1964).
Bestiari medievali, éd. L. Morini,
Turin, 1996.
Bestiarum (Oxford, Bodleian Library,
Ms. Ashmole 1511), éd.
F. Unterkircher, *Die Texte der
Handschrift Ms. Ashmole 1511 der
Bodleian Library Oxford. Lateinisch-
Deutsch*, Graz, 1986.
Brunet Latin (Brunetto Latini),
Li livres dou Tresor, éd. F. J. Carmody,
Berkeley, 1948.
Guillaume d'Auvergne, *De universo
creaturarum*, éd. B. Leferon, dans
Opera omnia, Orléans, 1674.
Guillaume le Clerc, *Le Bestiaire
divin*, éd. C. Hippeau, Caen, 1882.
Huon de Méry, *Le Tournoiement
Antechrist*, éd. G. Wimmer,
Marbourg, 1888.
Isidore de Séville (Isidorus
Hispalensis), *Etymologiae seu
origines*, livre XII, éd. J. André,
Paris, 1986.

Konrad von Megenberg, *Das Buch
der Natur*, éd. F. Pfeiffer, Stuttgart,
1861.
Liber monstrorum, éd. M. Haupt,
Opuscula, vol. 2, Leipzig, 1876.
Philippe de Thaon, *Bestiaire*, éd.
E. Walberg, Lund-Paris, 1900.
Pierre de Beauvais, *Bestiaire*, éd.
C. Cahier et A. Martin, dans
*Mélanges d'archéologie, d'histoire
et de littérature*, tome 2, 1851,
p. 85-100, 106-232 ; tome 3, 1853,
p. 203-288 ; tome 4, 1856, p. 55-87.
Pierre Damien (Petrus Damianus),
De bono religiosi status, Patrologia
Latina, vol. 106, col. 789-798.
Pierre de Crescens (Petrus a
Crescentiis), *Ruralium commodorum
libri XII*, Milan, 1805.
Pseudo-Hugues de Saint-Victor,
De bestiis et aliis rebus, Patrologia
Latina, vol. 177, col. 15-164.
Raban Maur (Hrabanus Maurus),
De universo, Patrologia Latina,
vol. 111, col. 9-614.
Reinhart Fuchs, éd. J. Grimm,
Berlin, 1834.
Richard de Fournival, *Bestiaire
d'amour*, éd. C. Segre,
Milan-Naples, 1957.
Le Roman de Renart, éd. A. Strubel
et alii, Paris, 1998 (« Bibliothèque
de la Pléiade »).
Thomas de Cantimpré (Thomas
Cantimpratensis), *Liber de natura
rerum*, éd. H. Böse, Berlin, 1973.
Vincent de Beauvais (Vincentius
Bellovacensis), *Speculum naturale*,
Douai, 1624 (réimpr. Graz, 1965).

近现代文本

Aldrovandi (Ulisse),
De quadrupedibus solipedibus.
Volumen integrum Ioannes Cornelius
Uterverius collegit et recensuit,
Bologne, 1606.
Buffon (Georges-Louis Leclerc,
comte de), *Histoire naturelle,*
générale et particulière, VII :
Les Animaux carnassiers, Paris, 1758.
Chomel (Noël), *Dictionnaire*
oeconomique, 3ᵉ éd., Paris, 1767, 3 vol.
Delgado Guerra (José, dit « Pepe
Hillo »), *La Tauromaquia o arte*
de torear de pié y a caballo,
Madrid, 1796.
Furetière (Antoine), *Dictionnaire*
universel..., Paris, 1690, 2 vol.
Gesner (Conrad), *Historia animalium*
liber I. De quadrupedibus viviparis,
Zurich, 1551.
—, *Icones animalium quadrupedum*
viviparorum et oviparorum, quae in
Historiae animalium Conradi
Gesneri libro I et II describuntur,
Zurich, 1553.
Herberstein (Sigismund von),
Rerum Moscoviticarum Commentarii,
Bâle, 1549.
Jonston (Johannes), *Historiae*
naturalis de quadrupedibus libri XII,
Francfort-sur-le-Main, 1650.
La Fontaine (Jean de), *Fables*, Paris,
1668-1693, 3 vol.
Montes Reina (Francisco, dit
« Paquiro »), *Tauromaquia completa,*
o sea el arte de torear en plaza, tanto
a pie como a caballo, Madrid, 1836.
Serres (Olivier de), *Théâtre*
d'agriculture et mesnage des champs,
Paris, 1600.
Thiers (abbé Jean-Baptiste),
Traité des superstitions selon
l'écriture sainte..., 2ᵉ éd., Paris,
1697-1704, 3 vol.
Topsell (Edward), *The Historiae*
of Foure-Footed Beastes...,
Londres, 1607.

2. 关于公牛、牛及牝牛
的专门史

通论

Clutton-Brock (Juliet), *A Natural*
History of Domesticated Mammals,
2ᵉ éd., Cambridge, 1999.
Conrad (John R.), *The Horn and the*
Sword : The History of the Bull as
Symbol of Power and Fertility, New
York, 1957.
Digard (Jean-Pierre), *L'Homme et les*
Animaux domestiques. Anthropologie
d'une passion, Paris, 1990.
Gascar (Pierre), *Les Bouchers*,
Paris, 1973.
Johns (Catherine), *Cattle : History,*
Myth, Art, Londres, 2011.
Lafranchis (Tristan), *Le Taureau*,
Puiseaux, 1993.
Montelle (Édith), *Le Chant des vaches*,
Genève, 2004.
Raveneau (Alain), *Le Livre de la vache*,
Paris, 1996.
Unterberger (Gerald), *Die Gottheit*
und der Stier. Der Stier in Mythos,
Märchen, Kult und Brauchtum.
Beiträge zur Religionsgeschichte und
vergleichenden Mythenforschung,
Vienne, 2018.
Verroust (Jacques), dir., *Le Bœuf.*
Histoire, symbolique et cuisine,
Paris, 1992.

史前时期与古典时期

Backe (Annika), *Die Stiere des Zeus.*
Stier und Mythos im antiken Griech-
enland, Uplengen (All.), 2006.
Barker (George), *Prehistoric Farming*
in Europe, Cambridge, 1985.
Bühler (Winfried), *Europa. Ein Über-*
blick über die Zeugnisse des Mythos in
der antiken Literatur und Kunst,
Munich, 1968.
Burkert (Walter), *Homo Necans. Rites*
sacrificiels et mythes de la Grèce
ancienne, Paris, 2005.
Chaix (Louis) et Méniel (Patrice),
Archéozoologie. Les animaux et
l'archéologie, Paris, 2001.
Cumont (Franz), *Les Religions orien-*
tales dans le paganisme romain, Paris,
1905.
Détienne (Marcel) et Vernant (Jean-
Pierre), *La Cuisine du sacrifice en*
pays grec, Paris, 1979.
Gauthier (Achilles), *La Domestication.*
Et l'homme créa l'animal..., Paris, 2010.
Guintard (Claude) et Néron de Surgy
(Olivier), *L'Aurochs, de Lascaux au*
XXIᵉ siècle, Paris, 2014.
Méniel (Patrice), *Les Gaulois et les*
Animaux. Élevage, repas et sacrifice,
Paris, 2001.
Piquet (Jean), *L'Aurochs. Le bœuf*
sauvage d'Europe et ses descendants,
Limoges, 1978.
Rutter (Jeremy B.), *The Three Phases*
of the Taurobolium, Phoenix, 1968.
Siganos (André), *Le Minotaure et son*
mythe, Paris, 1993.
Thompson (Dorothy J.), *Memphis*
under the Ptolemeis, 2ᵉ éd., Princeton,
2012.
Touwalde (Alain), « Le sang de
taureau », dans *L'Antiquité classique*,
vol. 48/1, 1979, p. 5-14.
Turcan (Robert), *Les Cultes orientaux*
dans le monde romain, Paris, 1989.
—, *Mithra et le mithriacisme*, Paris, 1993.
Vignaud (Pierre), *L'Art du taureau.*
Préhistoire et Antiquité, Pau, 2004.
Zervos (Christian), *L'Art de la Crète*
néolithique et minoenne, Paris, 1956.
—, *La Vie quotidienne en Crète au*
temps de Minos (1500 avant J.-C.),
Paris, 1973.

中世纪与近现代

Baratay (Éric) et Mayaud (Jean-Luc), dir., *L'Animal domestique (XVIe-XXe siècle)*, Paris, 1997.
Duviols (Jean-Paul), Molinié-Bertrand (Annie) et al., *Des taureaux et des hommes. Tauromachie et société dans le monde ibérique et ibéro-américain*, Paris, 1999.
Ferrara (Orestes), *El papa Borgia*, Madrid, 1943.
Galbreath (Donald Lindsay), « Les armoiries des Borgia », dans *Archives héraldiques suisses*, vol. 64, 1950, p. 1-13.
Gandilhon (René), « La bouse de vache : étude d'ethnologie », dans *Mémoires de la Société d'agriculture, commerce, sciences et arts de la Marne*, 1978, p. 271-306.
Grand (Roger) et Delatouche (Raymond), *L'Agriculture au Moyen Âge, de la fin de l'Empire romain au XVIe siècle*, Paris, 1950.
Margolin (Jean-Claude), *Les Jeux à la Renaissance*, Paris, 1982.
Mazet (Jean-François), *Saint Nicolas, le boucher et les trois petits enfants. Biographie d'une légende*, Paris, 2010.
Moriceau (Jean-Marc), *L'Élevage sous l'Ancien Régime. Les fondements agraires de la France moderne (XVIe-XVIIIe siècles)*, Paris, 1999.
—, *Histoire et géographie de l'élevage français du Moyen Âge à la Révolution*, Paris, 2005.
Reynaud (Florian), « Les bêtes à cornes et l'art pictural. Une étude iconographique pour servir l'Histoire », dans *Histoire et sociétés rurales*, vol. 30, 2008, fasc. 2, p. 31-66.
Schiller (Gertrud), *Ikonographie der christlichen Kunst*, tome I : *Inkarnation, Kindheit, Taufe*, Gutersloh, 1966.
Tristram (Hildegard L. C.), éd., *Studien zur « Táin bó Cuailnge »*, Tübingen, 1993.

现当代（19～20世纪）

Baratay (Éric) et Hardouin-Fugier (Élisabeth), *La Corrida*, Paris, 1995.
Benassar (Bartolomé), *Histoire de la tauromachie. Une société du spectacle*, Paris, 2011.
Bérard (Robert), dir., *Histoire et dictionnaire de la tauromachie*, Paris, 2003.
Cossío (José Maria de), *Los toros. Tratado técnico e histórico*, Madrid, 1943-1961, 11 vol. (nouvelle édition, 1995, 2 vol.).
Denis (Bernard) et Baudement (Émile), *Les vaches ont une histoire. Naissance des races bovines*, Paris, 2016.
Fanica (Pierre-Olivier), *Le Lait, la vache et le citadin, du XVIIe au XXe siècle*, Paris, 2008.
Hardouin-Fugier (Élisabeth), *Histoire de la corrida en Europe du XVIIIe au XXIe siècle*, Paris, 2005.
Hoerni (Bernard), *Dictionnaire des curiosités bovines. Culture, langage, histoire, géographie, science*, Paris, 2018.
Lafront (Auguste), *Histoire de la corrida en France, du Second Empire à nos jours*, Toulouse, 1977.
Liedo (Pierre-Marie), *Histoire de la vache folle*, Paris, 2001.
Maudet (Jean-Baptiste), *Terres de taureaux. Les jeux taurins de l'Europe à l'Amérique*, Madrid, 2010.
Montes (Francisco), *Tauromaquia completa, o sea el arte de torear en plaza, tanto a pie como a caballo*, Madrid, 1836.
Saumade (Frédéric), *Les Tauromachies européennes. La forme et l'histoire, une approche anthropologique*, Paris, 1998.
Werner (Florian), *Die Kuh : Leben, Werk und Wirkung*, Munich, 2009.

3. 欧洲动物史通论

通论

Bodson (Liliane), éd., *L'Histoire de la connaissance du comportement animal*, Liège, 1993 (*Colloque d'histoire des connaissances zoologiques*, vol. 4).
Bodson (Liliane) et Ribois (R.), éd., *Contribution à l'histoire de la domestication*, Liège, 1992 (*Colloque d'histoire des connaissances zoologiques*, vol. 3).
Boudet (Jacques), *L'Homme et l'Animal. Cent mille ans de vie commune*, Paris, 1962.
Chaix (Louis) et Méniel (Patrick), *Archéozoologie. Les animaux et l'archéozoologie*, Paris, 2001.
Couret (Alain) et Ogé (Frédéric), éd., *Homme, animal, société. Actes du colloque de Toulouse*, 1987, Toulouse, 1989, 3 vol.
Delort (Robert), *Les animaux ont une histoire*, Paris, 1984.
Fontenay (Élisabeth de), *Le Silence des bêtes. La philosophie à l'épreuve de l'animalité*, Paris, 1998.
Gubernatis (Angelo de), *Mythologies zoologiques ou les légendes animales*, réimpr. Milan, 1987, 2 vol.
Klingender (Francis), *Animals in Art and Thought : To the End of the Middle Ages*, Londres, 1971.
Lenoble (Robert), *Histoire de l'idée de nature*, Paris, 1969.
Lewinsohn (Richard), *Histoire des animaux*, Paris, 1953.
Marino Ferro (Xosé Ramon), *Symboles animaux*, Paris, 1996.
Pastoureau (Michel), *Les Animaux célèbres*, Paris, 2002.

Petit (Georges) et Theodoridès (Jean), *Histoire de la zoologie des origines à Linné*, Paris, 1962.
Planhol (Xavier de), *Le Paysage animal. L'homme et la grande faune. Une zoo-géographie historique*, Paris, 2004.
Porter (J. R.) et Russell (W. M. S.), éd., *Animals in Folklore*, Ipswich, 1978.
Rozan (Charles), *Les Animaux dans les proverbes*, Paris, 1902, 2 vol.
Sälzle (Karl), *Tier und Mensch. Gottheit und Dämon. Das Tier in der Geistgeschichte der Menschheit*, Munich, 1965.

史前时期与古典时期

Anderson (J. K.), *Hunting in the Ancient World*, Berkeley, 1985.
Aymard (Jacques), *Étude sur les chasses romaines des origines à la fin des Antonins*, Paris, 1951.
Beiderbeck (Rolf) et Knoop (Bernd), *Buchers Bestiarium. Berichte aus der Tierwelt der Alten*, Lucerne, 1978.
Bouché-Leclercq (Auguste), *Histoire de la divination dans l'Antiquité*, Paris, 1879-1882, 4 vol.
Calvet (Jean) et Cruppi (Marcel), *Le Bestiaire de l'Antiquité classique*, Paris, 1955.
Cassin (Barbara), Labarrière (Jean-Louis) et Romeyer-Dherbey (Gilbert), éd., *L'Animal dans l'Antiquité*, Paris, 1997.
Cauvin (Jacques), *Naissance des divinités, naissance de l'agriculture. La révolution des symboles au Néolithique*, Paris, 1994.
Clottes (Jean) et Lewis-Williams (David), *Les Chamanes de la Préhistoire*, 2ᵉ éd., Paris, 2001.
Dierauer (Urs), *Tier und Mensch im Denken der Antike*, Amsterdam, 1977.
Dumont (Jacques), *Les Animaux dans l'Antiquité grecque*, Paris, 2001.
Gautier (Achilles), *La Domestication. Et l'homme créa l'animal...*, Paris, 1990.

Gontier (Thierry), *L'Homme et l'Animal. La philosophie antique*, Paris, 2001.
Homme et animal dans l'Antiquité romaine. Actes du colloque de Nantes 1991, Tours, 1995.
Keller (Oskar), *Die antike Tierwelt*, Leipzig, 1909-1913, 2 vol.
Leroi-Gourhan (André), *Les Chasseurs de la Préhistoire*, 2ᵉ éd., Paris, 1992.
—, *Les Religions de la Préhistoire*, 5ᵉ éd., Paris, 2001.
Lévêque (Pierre), *Bêtes, dieux et hommes. L'imaginaire des premières religions*, Paris, 1985.
Manquat (Maurice), *Aristote naturaliste*, Paris, 1932.
Pellegrin (Pierre), *La Classification des animaux chez Aristote*, Paris, 1983.
Prieur (Jean), *Les Animaux sacrés dans l'Antiquité*, Paris, 1988.
Pury (Albert de), *L'Animal, l'homme, le dieu dans le Proche-Orient ancien*, Louvain, 1984.
Rudhardt (Jean) et Reverdin (Olivier), *Le Sacrifice dans l'Antiquité*, Genève, 1981.

中世纪

Baxter (Ron), *Bestiaries and their Users in the Middle Ages*, Phoenix Mill (G.-B.), 1999.
Blankenburg (Wera von), *Heilige und dämonische Tiere. Die Symbolsprache der deutschen Ornamentik im frühen Mittelalter*, Leipzig, 1942.
Buschinger (Danielle), éd., *Hommes et animaux au Moyen Âge*, Greifswald, 1997.
Clark (Willene B.) et McNunn (Meradith T.), éd., *Beasts and Birds of the Middle Ages : The Bestiary and its Legacy*, Philadelphie, 1989.
Febel (Gisela) et Maag (Georg), *Bestiarien im Spannungsfeld. Zwischen Mittelalter und Moderne*, Tübingen, 1997.
George (Wilma B.) et Yapp

(Brundson), *The Naming of the Beasts : Natural History in the Medieval Bestiary*, Londres, 1991.
Harf-Lancner (Laurence), éd., *Métamorphoses et bestiaire fantastique au Moyen Âge*, Paris, 1985.
Hassig (Debra), *Medieval Bestiaries : Text, Image, Ideology*, Cambridge, 1995.
Henkel (Nikolaus), *Studien zum Physiologus im Mittelalter*, Tübingen, 1976.
Kitchell (Kenneth F.) et Resnick (Irven M.), *Albertus Magnus, On Animals : A Medieval Summa Zoologica*, Berkeley, 1998, 2 vol.
Langlois (Charles-Victor), *La Connaissance de la nature et du monde au Moyen Âge*, Paris, 1911.
McCullough (Florence), *Medieval Latin and French Bestiaries*, Chapel Hill (États-Unis), 1960.
Pastoureau (Michel), *Bestiaires du Moyen Âge*, Paris, 2012.
Van den Abeele (Baudouin), éd., *Bestiaires médiévaux. Nouvelles perspectives sur les manuscrits et les traditions textuelles*, Louvain-la-Neuve, 2005.
Voisenet (Jacques), *Bestiaire chrétien. L'imagerie animale des auteurs du haut Moyen Âge (Vᵉ-XIᵉ s.)*, Toulouse, 1994.
—, *Bêtes et hommes dans le monde médiéval. Le bestiaire des clercs du Vᵉ au XIIᵉ siècle*, Turnhout, 2000.

近现代

Baratay (Éric), *L'Église et l'animal (France, XVIIᵉ-XXᵉ siècle)*, Paris, 1996.
Baratay (Éric) et Hardouin-Fugier (Élisabeth), *Zoos. Histoire des jardins zoologiques en Occident (XVIᵉ-XXᵉ siècle)*, Paris, 1998.
Baümer (Änne), *Zoologie der Renaissance, Renaissance der Zoologie*, Francfort-sur-le-Main, 1991.
Delaunay (Pierre), *La Zoologie au XVIᵉ siècle*, Paris, 1962.

Dittrich (Sigrid et Lothar), *Lexikon der Tiersymbole. Tiere als Sinnbilder in der Malerei des 14.-17. Jahrhunderts*, 2ᵉ éd., Petersberg (All.), 2005.
Haupt (Herbert), *Le Bestiaire de Rodolphe II*, Paris, 1990.
Leibbrand (Jürgen), *Speculum bestialitatis. Die Tiergestalten der Fastnacht und des Karnevals im Kontext christlicher Allegorese*, Munich, 1988.
Lloyd (Joan B.), *Animals in Renaissance Literature and Art*, Oxford, 1971.
Moriceau (Jean-Marc), *L'Élevage sous l'Ancien Régime (xvıᵉ-xvıııᵉ siècles)*, Paris, 1999.
Nissen (Claus), *Die zoologische Buchillustration, ihre Bibliographie und Geschichte*, Stuttgart, 1969-1978, 2 vol.
Paust (Bettina), *Studien zur barocken Menagerie in deutschsprachigen Raum*, Worms, 1996.
Risse (Jacques), *Histoire de l'élevage français*, Paris, 1994.
Thomas (Keith), *Dans le jardin de nature. La mutation des sensibilités en Angleterre à l'époque moderne (1500-1800)*, Paris, 1985.

Paietta (Ann C.) et Kanpilla (Jean L.), *Animals on Screen and Radio*, New York, 1994.
Rothel (David), *The Great Show Business Animals*, New York et Londres, 1980.
Rovin (Jeff), *The Illustrated Encyclopedia of Cartoon Animals*, New York, 1991.

现当代

Albert-Llorca (Marlène), *L'Ordre des choses. Les récits d'origine des animaux et des plantes en Europe*, Paris, 1991.
Burgat (Florence), *Animal, mon prochain*, Paris, 1997.
Couret (Alain) et Daigueperse (Caroline), *Le Tribunal des animaux. Les animaux et le droit*, Paris, 1987.
Diolé (Philippe), *Les Animaux malades de l'homme*, Paris, 1974.
Domalain (Jean-Yves), *L'Adieu aux bêtes*, Grenoble, 1976.
Hediger (Heini), *The Domestication of Animals in Zoos and Circuses*, 2ᵉ éd., New York, 1968.
Lévy (P. R.), *Les Animaux du cirque*, Paris, 1992.

图片授权

致　谢

在本书成书之前，这部欧洲《公牛的文化史》与其他动物的文化史一样，是我在巴黎高等师范学院和巴黎高等社会科学学院举办的多场研讨会上分享过的主题。在此我要感谢我所有的学生和听众，感谢他们近四十年来与我富有成效的沟通和交流。我还要感谢所有给过我意见、反馈或建议的人——朋友、亲戚、同事、博士生，其中我尤其要点名 Dominique Ailloud、Éric Baratay、Thalia Brero、Brigitte Buettner、Pierre Bureau、Yvonne Cazal、François Jacquesson、Christine Lapostolle、François Poplin、Michel Popoff、Claudia Rabel、Anne Ritz-Guilbert、Baudouin Van den Abeele，感谢你们。我还要感谢阶梯出版社，特别是"嘉作"（Beaux Livres）团队：Nathalie Beaux Richard、Elisabetta Trevisan、Marie-Anne Méhay、Caroline Fuchs、Karine Benzaquin 和 Delphine Duchêne、平面设计师 Alice Gilles，以及我的通讯负责人 Marie-Claire Chalvet 和 Lætitia Correia。他们都为确保本书能成为一部聚焦于热门话题，能够满足广大读者需求的出色作品付出了辛勤的劳动。